西安交通大学本科"十三五"规划教材

普通高等教育力学系列"十三五"规划教材

简明有限元教程

李录贤 文 毅 关正西 编

U0282146

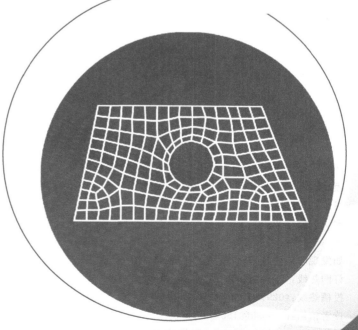

西安交通大学出版社
XI'AN JIAOTONG UNIVERSITY PRESS

内容简介

有限元方法是求解空间结构上偏微分方程边值问题的一种数值方法,其目的是通过结构离散求得物理量的近似解。由于具有严谨的数学理论基础和强大的灵活性,有限元方法已广泛应用于科学研究和工程应用的各个领域。

本书面向力学类专业高年级学生,以弹性静力学问题为主要对象,介绍有限元方法求解问题的基本思想和实施步骤,包含一维单元和计算过程、基本单元、变分法、加权残值法、等参单元等7章主要内容,每章辅以一定数量习题。附录中给出了两种典型二维有限单元程序的使用说明及源代码,供读者进行编程实践或求解简单实际问题。本教材介绍的有限元法可拓宽至力学领域的其他问题及其他领域偏微分方程的边值问题。

图书在版编目(CIP)数据

简明有限元教程/李录贤,文毅,关正西编. —西安:西安交通大学出版社,2016.4(2024.2重印)
ISBN 978 - 7 - 5605 - 8439 - 3

Ⅰ.①简…　Ⅱ.①李…②文…③关…　Ⅲ.①有限元法-高等学校-教材　Ⅳ.①O241.82

中国版本图书馆 CIP 数据核字(2016)第 072969 号

书　　名	简明有限元教程
编　　者	李录贤　文　毅　关正西
责任编辑	刘雅洁　李　佳
出版发行	西安交通大学出版社
	(西安市兴庆南路1号　邮政编码710048)
网　　址	http://www.xjtupress.com
电　　话	(029)82668357　82667874(市场营销中心)
	(029)82668315(总编办)
传　　真	(029)82668280
印　　刷	西安日报社印务中心
开　　本	787mm×1092mm　1/16　印张 11.5　字数 273 千字
版次印次	2017 年 2 月第 1 版　2024 年 2 月第 5 次印刷
书　　号	ISBN 978 - 7 - 5605 - 8439 - 3
定　　价	32.00 元

如发现印装质量问题,请与本社市场营销中心联系。
订购热线:(029)82665248　(029)82667874
投稿热线:(029)82664954
读者信箱:lg_book@163.com

序

本教材根据第三作者翻译、第一作者校译的《有限元分析的概念及应用》（西安交通大学出版社,2007）第 1 至 7 章内容编写而成。

有限元方法是科学研究的重要工具,业已成为解决大型复杂工程问题的最有效途径。有限元方法是一种独立的方法,不脱离应用背景、又体现有限元方法独立性,是讲授这门课程的艺术,是一个需要研究的有趣的教学法。

R . Cooke 教授编写的英文原著 *Concepts and Applications of Finite Element Analysis* 不但语言优美,而且符合学生的认知和学习规律,是一本经典的有限元教材和专著;本书第三作者将其翻译并引入到国内,可谓是有限元领域教育教学和研究者们的幸事。

为实现真正的双语教学,选取合适的教材是必须解决的第一个现实问题。作者们研究发现,《有限元分析的概念及应用》的前 7 章内容,体系和内容上较为系统,可同时满足双语课程教学和学生学习有限元知识两方面的需要。因而,以《有限元分析的概念及应用》的 7 章内容为蓝本,形成本教程,其框架和主体内容也与英文原著的相应章节基本保持一致。十余年来,本书第一、二作者利用该教程为西安交通大学工程力学和工程与结构分析两个专业的学生进行了课堂教学实践,因而,在编写过程中也加进去了作者们自己的一些理解和思考,同时对原著和译著中的个别谬误和不完善之处进行了修改和补充。

这本教材的成型,得益于第三作者的中文译本。另外,该教材的雏形是课堂教学的课件,如果里面还留有口语化的地方,敬请谅解。

编著本教材的目的纯粹是为高年级大学生计算力学双语课堂的学习提供便利,如果本教材还为其他人员的学习、工作和研究提供了帮助,作者们将深感荣幸。

本教材与相应外文教材具有良好的对应性。另外,本书的出发点也不是追求有限元知识的大而全。

还需要在此特别说明的是,由于有限元教材、专著及文献非常庞杂,基本方法也已相当成熟,为了保持整体叙述的连贯性,本书中没有列出参考文献,希望严谨的考究者知情。

本书后所附程序源代码是在《计算力学教程》(1992 年 6 月第 1 版,殷家驹,张元冲)附录 A 和附录 B 基础上修改而成,在此表示感谢。这些代码经西安交通大学力硕 05 班白乐园同学和 2013 级硕士生田成之同学修改、调试并最终完成,在此一并表示感谢。

本书得到国家自然科学基金项目(编号:11672221,11272245,11321062)资助,在此表示感谢。

由于作者水平所限,其中难免仍有不少差错和谬误,敬请指正。

谢谢!

编　者

2016 年 9 月于西安

目 录

第1章 绪 论

本章的目的是对有限元方法(Finite Element Method，FEM)进行概述。同时，将回答这样三个问题：①什么是有限元方法？ ②有限元方法可用于哪些问题？ ③怎样使用有限元方法？

1.1 有限元方法概述

有限元方法，也常称为有限单元分析(FEA)，它是求解场问题数值解的一种方法。

场问题泛指需要确定物理量空间分布的问题，该物理量可以是标量，也可以是具有多个分量的向量。例如，确定一台发动机内部某个部件(如活塞)上的温度分布，或者确定混凝土石板路面的位移和应力分布，都属于场问题；前者的温度是标量场，而后者的位移则为向量场。

在数学上，一个场问题由微分方程或者积分方程描述，称为控制方程；在施加相应的边界条件后将形成一个完整的数学问题。这两种数学描述形式，都可用来建立有限元方程。

通用有限元分析软件已包含目前几乎所有常用的有限元方程，且具有亲切友好的用户界面和功能强大的前后处理功能。因此，即使人们对有限元知识或者对所求解问题知之甚少，也可运用它们。但是，如果缺乏足够的有限元知识，就很有可能造成小到令人烦恼、大到产生灾难的后果。

单个的有限单元可看作是结构的一小片。"有限"这个词界定了这种小片和微积分学中无穷小微元间的区别，并非与无限大等概念的区别；换句话说，"有限"是指这个"小片"具有实实在在的"体积"，其上可进行积分等运算。

另外，在每个有限单元中，场量一般假定仅有简单的空间变化。例如，由最多二次的多项式予以描述，虽然这个假定在最近十余年不断地得以扩充和完善。由于单元涵盖的区域内其实际物理场的变化常常很复杂，因此，有限元方法提供的仅是近似解。寻求近似解，是有限元方法的初衷；近似解是解的一种形式，它并非不正确的解。

连接形成单元的点叫做"结点"，特定的单元排列称为一种网格剖分，图1.1-1是典型轮齿结构的一个有限元网格。这样，整个结构上的场量，将以分段(片)形式逐单元地得到近似表示。

除非简单得不需有限元方法求解的问题，有限元方法计算得到的结果一般都不是精确解。但是，这种有限元方法的近似解可通过增加单元数量而提高其精度。

与其他数值方法相比，有限元方法具有通用性强、物理概念清晰等优点，具体表现在以下7个方面：

- 适用于任何场问题，例如热传导、应力分析、电磁场问题等。
- 不受结构几何形状限制，所分析的物体或区域可以具有任何形状。
- 分析的问题不受边界条件和载荷的限制。例如：在应力分析中，物体的任意部分都可以被支撑，分布力或集中力可施加在支撑以外的其他任何部分。
- 材料性质并不限于各向同性，也可以在单元间、甚至单元内发生变化。
- 不同性态和数学描述的部件可以结合起来，例如，单个有限元模型可以包含杆、梁、板、

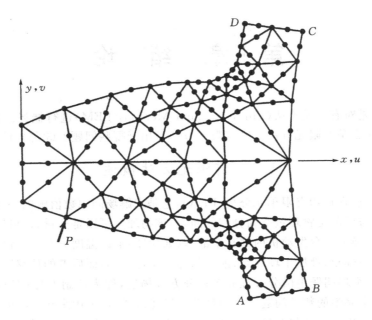

图 1.1-1　有限元方法中的单元、结点和网格

缆索和接触等多种单元。

　　·有限元分析的结构可与所分析的物体或区域尽可能地接近。

　　·近似精度可通过网格细化容易地得到改善,即在梯度大的区域采用较高的网格密度、更多的单元可显著地提高精度。

　　自有限元方法出现以来,还相继出现了其他数值方法,但从目前看来,有限元方法在以上7 个方面的综合品质最为优良。

　　多年来,有限元方程的建立及分析步骤经过了反复的修改、扩充以及细致的调整,可以说已臻完善。本书主要介绍有限元方法最基本的概念、最常用的单元,以打基础为宗旨。至于更新、更全面的细节,需要进一步阅读相关文献。

　　需要说明的是,随着信息技术、数字技术突飞猛进的发展,有限元方法的每个环节都已模块化或标准化,发展得非常成熟,且已成为众多科技工作者的必备技术,使用有限元方法已解决了许许多多大型复杂问题。因此,有限元方法的任何一点点实质性研究进展,都将具有深远意义。

1.2　问题的分类、建模及离散

1.2.1　问题的分类

　　求解一个物理问题的第一步是识别这个问题,即对问题进行分类。对一个物理问题进行分类,需关注以下 5 个方面:

　　·问题涉及的物理现象是什么?

　　·问题是否与时间有关?

· 问题是否是非线性的？要采用迭代求解吗？

· 问题要求什么样的结果？

· 问题要求多高的精度？

对这些问题的回答将关系到收集哪些信息，如何对问题建模，以及采用何种求解方法。

1.2.2　问题的建模

通过分类弄清问题后，就可以开始建立分析所需的模型。建立模型（简称建模）是指去除繁琐的细节，保留所有主要的特征，以使所求解的问题简化，但却能以足够精度得到原问题的结果。

建模中首先建立问题的数学模型，包括问题的控制微分方程和边界条件。有些问题的数学模型还包含诸如连续性、均匀性、各向同性、材料特性不变、小应变和小转动等假设。有限元方法只是模拟给定的数学模型，如果数学模型不恰当，那么，即使有限元方法非常精确，得到的结果也与物理现实不一致。

数学模型根据分析者对问题的认识，对各种因素都进行了相应的理想化处理，例如：

· 在应力分析中，材料常常被认为是连续的、均匀的、各向同性和线弹性的，但实际中的材料并非都是如此。

· 分布在小片面积上的载荷认为是作用于某一点的集中载荷，这在物理上是不可能的。

· 支撑常常被认为是固定的，而实际中并没有完全刚性的支撑。

· 考虑了凹角，但却忽略了带来的应力集中，因为此时分析的重点在其他位置。

· 接近扁平的结构可简化为二维的平面问题（假定应力沿厚度不变）或板问题（假定应力沿厚度线性变化）来建模。

· 轴对称的压力容器问题，壁厚时用轴对称弹性方程控制，壁薄时则用轴对称的壳方程控制。

1.2.3　结构的离散

离散就是将数学模型中的结构划分成具有多个有限单元的网格，数学上就是将完全连续的物理场用有限个结点量及单元上的简单插值予以近似。显然，离散引入了离散误差。

一般来说，数值分析中的误差有以下 4 种来源：

一是建模误差，是指从实际问题到完成数学建模所带来的误差，这部分误差与有限元方法无关。

二是离散误差，即连续的物理问题用离散问题近似所带来的误差，与有限元方法相关。

三是数值计算误差，即计算设备、手段由于精度限制或算法差异带来的误差，后半部分与有限元方法有关，前半部分与计算条件有关。

四是解释误差，即对结果由于分析和解释产生的误差，这是一种新引入的误差概念。"仁者见仁、智者见智"，这部分与分析者所掌握的知识和技能有关。

图 1.2-1 以台形柱体问题为例，展示了一个实际物理问题从分类、建模到有限元离散的全过程。

图 1.2-1(a)是一个实际物理问题。图 1.2-1(b)是一个建好的数学模型，与图 1.2-1(a)相比，实际的"地基"简化成了"固定支撑"，载荷简化成了"集中力"，并考虑到横截面尺寸

比轴向长度小很多,在物理上将该问题简化成了一个沿轴向的一维拉压问题。图 1.2-1(c)为有限元方法中的离散,由于截面有明显的变化,离散的三个单元具有不同的横截面。图 1.2-1(d)是用有限元方法中的术语和概念所描述的最终模型。

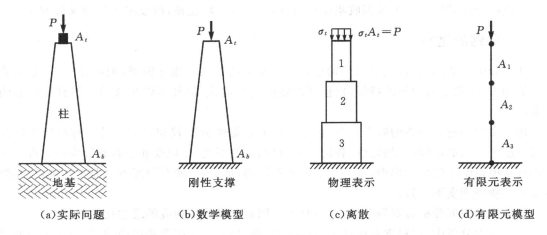

（a）实际问题　　　（b）数学模型　　　（c）离散　　　（d）有限元模型

图 1.2-1　台形柱体问题的有限元建模过程

在完成有限元分析之后,对结果进行基本评估极其必要。例如,上述问题的轴向应力应介于 P/A_b 和 P/A_t 之间,是最基本的规律。实际上,即使这样简单的评估,也可帮助分析者发现由于数据输入等原因而导致的较大谬误。

1.3　有限元插值:单元、结点和自由度

有限元方法的实质是对场量进行分片插值近似,而且通常采用多项式插值。先看一个一维例子,以展示有限元方法的基本特征。

分析如图 1.3-1(a)所示的台形杆受拉问题。图 1.3-1(b)所示为受拉台形杆的有限元模型,台形杆被分为 3 个长度都为 L 的单元,有限元网格中有 1、2、3 和 4 共 4 个结点;每个结点有 1 个轴向位移 u(规定向右为正),称为自由度;有 3 个单元,用连接结点表示为 1-2、2-3和 3-4。

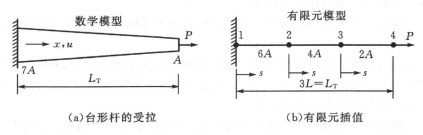

（a）台形杆的受拉　　　　　（b）有限元插值

图 1.3-1　台形杆的受拉及有限元插值

以 2-3 单元为例,单元上的位移插值为

$$u = \left(1 - \frac{s}{L}\right)u_2 + \frac{s}{L}u_3 \qquad\qquad (1.3-1)$$

式中：s 为单元的局部坐标，$s \in [0, L]$。

本构关系为

$$\sigma = E\varepsilon \tag{1.3-2}$$

根据本构关系，单元上的应力分别为（假定结点 1 受约束，即 $u_1 = 0$）

$$\begin{cases} \sigma_{1-2} = E\dfrac{u_2}{L} = \dfrac{P}{6A} \\[2mm] \sigma_{2-3} = E\dfrac{u_3 - u_2}{L} = \dfrac{P}{4A} \\[2mm] \sigma_{3-4} = E\dfrac{u_4 - u_3}{L} = \dfrac{P}{2A} \end{cases} \tag{1.3-3}$$

一维问题非常简单，不需使用有限元方法中的矩阵运算（后面章节将会讲到），仅利用材料力学知识就可简单地求得各结点位移为

$$\begin{cases} u_1 = 0 \\[2mm] u_2 = \dfrac{PL}{6AE} \\[2mm] u_3 = u_2 + \dfrac{PL}{4AE} \\[2mm] u_4 = u_3 + \dfrac{PL}{2AE} \end{cases} \tag{1.3-4}$$

这样，利用插值，就可逐单元地得到整个杆的位移，结果是如图 1.3－2 所示的分段线性关系。进而根据式（1.3－3），可得到 3 个单元上的应力，在各自单元上是个常值，如图 1.3－3 所示。

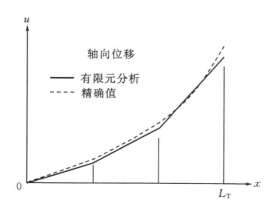
图 1.3－2 台形杆受拉问题的有限元位移结果

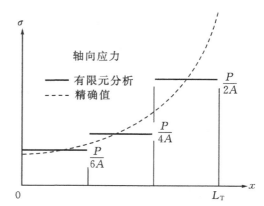
图 1.3－3 台形杆受拉问题的有限元应力结果

从图 1.3－2 可看出，结点上的场量（位移）值一般并非真实值，与精确值不一致，这是由于离散产生的误差所致。但从图 1.3－3 可以看出，本例中单元中心处的应力值却是准确的（应该是个极特殊的偶然），在其他位置处，一般都比位移的精度更差，后续章节将会介绍这个结果的必然性。

对二维问题，情形将更为复杂。单元的形状及结点数将随所选单元类型而不同；每个结点有 x 和 y 方向的位移 u 和 v，因而具有 2 个结点自由度；单元上的位移插值也将随单元类型而

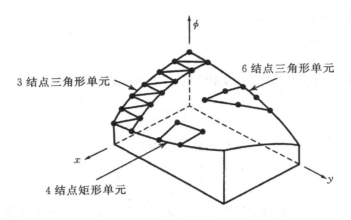

图 1.3-4　三种二维单元实例

异。例如,对于图 1.3-4 所示的三角形单元和四边形单元,其插值形式分别为

$$\phi = a_1 + a_2 x + a_3 y \quad (对于 3 结点三角形单元) \tag{1.3-5a}$$

$$\phi = a_1 + a_2 x + a_3 y + a_4 xy \quad (对于 4 结点矩形单元) \tag{1.3-5b}$$

$$\phi = a_1 + a_2 x + a_3 y + a_4 x^2 + a_5 xy + a_6 y^2 \quad (对于 6 结点三角形单元) \tag{1.3-5c}$$

1.4　有限元方法发展简史

有限元方法的思想可以追溯到很久以前。但考虑到其实践性强的特点,有限元方法的发展,总体来说经历了以下几个重要阶段:

1851 年,在推导给定封闭曲线围成的最小曲面面积时,Schellbach 将表面离散化成正三角形,得出了离散化面积的有限差分表达式,运用了离散化做法。

1906 年开始,研究者将杆系结构应用于平面弹性问题和板弯曲问题,运用了刚度矩阵概念,被认为是有限元分析的先驱,但还不能说此时已形成有限元方法的雏形。

1943 年,Courant 发表的论文标志着有限元方法的诞生。

1950 年代中叶,有限元方法实际上在航空工业已经取得了很大发展,但由于公司策略及商业利益等原因,这方面工作很晚才公开报道。

1960 年,Clough 提出了"有限单元"术语。

1963 年,通过拓宽经典 Rayleigh-Ritz 法,开始了有限元方法的数学理论研究,使得有限元方法真正成为一种科学的方法。

1965 年,利用有限元方法研究热传导和渗流问题。

1960 年代末、70 年代初,出现了多用途的有限元方法计算机程序。

1967 年,OC Zienkiewicz 和 YK Cheung 出版了第一本有限元方法专著。

1970 年代末以来,计算机图形学被用于有限元方法的程序中,开始有限元方法的前后处理功能研究,增添了有限元方法在实际应用中的吸引力。

1990 年代,随着实际问题复杂程度的快速增加,有限元方法也得到了较大发展。例如:1991 年,Shi 基于有限元方法,提出了数值流形方法;1996 年,Babuska 提出了广义有限元方法;1997 年,Hou 提出了多尺度有限元方法;1999 年,Belytschko 提出了扩展有限元方法。

　　目前,有限元方法与计算机和程序语言同步发展、相得益彰,超过 100 万个自由度的有限元分析已很常见。现在,关于有限元方法及应用的研究论文、会议论文已有很多,有限元方法已应用于科学研究和工程应用的每个领域和方方面面,多用途和特殊行业的专用有限元软件也不计其数。

1.5　运用有限元方法求解的主要环节

　　运用有限元方法求解任何问题都需要经过相同的主要环节,这是有限元方法能与计算机紧密结合的突出特征。

　　如图 1.5-1 所示,虚框内是有限元方法本身的实施步骤,包括前处理、求解及后处理三大块,我们将按黑箱一同看待,特别是求解部分,将是后续章节着重讲解的内容。下面对运用有限元方法求解的其他环节予以介绍。

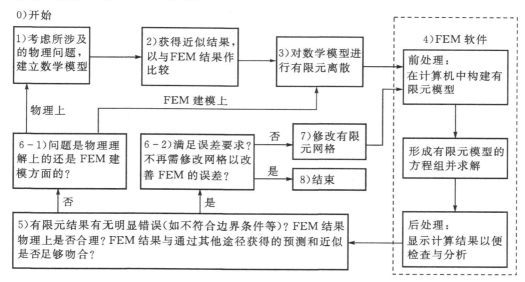

图 1.5-1　运用有限元方法求解的主要环节

这个过程可总结为以下 9 步:

Step 0,启动有限元方法求解过程。

Step 1,对所求解问题进行数学建模。

Step 2,对所求解问题给出总体评估。

Step 3,进行有限元离散,复杂问题可在 Step 4 中进行。

Step 4,有限元方法求解,包括三部分:复杂问题的离散和加载等前处理、有限元方程的建立及求解、结果的处理和显示等后处理。

Step 5,结合 Step 2,对所得结果进行总体评判。

Step 6,分两个分支:分支一 Step 6-1,此时 Step 5 中没通过总体评判,若归结为数学建模的问题则转入 Step 1,若归结为有限元离散的问题则转入 Step 3;分支二 Step 6-2,此时 Step 5 中通过了总体评判,进入下一步。

Step 7,通过了 Step 5 中的总体评判,但不满足精度要求,修改有限元网格,转入 Step 4。

Step 8,已满足精度要求,问题求解结束。

1.6 学习有限元方法的意义

时至今日,有限元方法的发展呈现这样三个特点:①多功能的分析程序很多;②已开发并研制出多种单元;③软件的适应性如此强大,以至于普通用户都可运用有限元方法获得问题的解答。

但为什么仍然要学习有限元方法呢? 先看一组运用有限元方法的统计数据:

在 52 个发生错误的案例中,7 个是硬件错误,13 个是软件错误,30 个是由用户造成的错误,2 个是由其他原因引起的错误。数据分析表明,用户造成的错误超过 50%。

可见,即使在今天,学习有限元方法仍具有十分重要意义,因为只有理解了有限元的基本原理,才能避免用户因滥用有限元方法而带来的错误。另一方面,只有学习了有限元知识,才能够主观能动地发现并修正在运用有限元方法进行建模、数据输入和软件选取等过程中可能出现的错误。

习题 1

1.如题 1 图所示的受拉台形杆,材料的弹性模量为 E。

(1)按材料力学方法求位移和应力的表达式;

(2)将杆沿长度方向分为 4 等分,仿照 1.3 节的有限元方法,求 $x=L_T/4$、$x=L_T/2$、$x=3L_T/4$ 和 $x=L_T$ 处轴向位移和应力的近似值;

(3)根据材料力学和有限元近似解画出 $u-x$ 曲线和 $\sigma-x$ 曲线,验证有限元解的正确性。并与 1.3 节结果比较,分析其优劣。

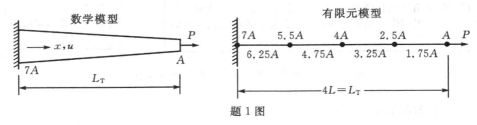

题 1 图

2.应变的计算公式为 $\varepsilon_x = \partial u/\partial x$,对于 4 结点矩形单元,若位移插值为 $u = a_1 + a_2 x + a_3 y + a_4 xy$:(1)求 ε_x 的表达式;(2)考察 ε_x 在矩形单元间的连续性。

3.在 3 结点三角形单元中,场量 ϕ 可用广义自由度 a_i 表示为 $\phi = a_1 + a_2 x + a_3 y$。

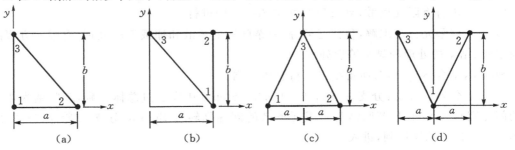

题 3 图

（1）对于题 3 图(a)所示的特殊三角形，将场量 ϕ 表示为 $\phi = f_1\phi_1 + f_2\phi_2 + f_3\phi_3$ 的形式，即求 $f_i(i = 1 \sim 3)$ 的具体表达式；

（2）对题 3 图(b)、(c)、(d)所示的特殊三角形，求 $f_i(i = 1 \sim 3)$ 的具体表达式。

4. 对题 4 图示的平面四边形单元，假定用广义坐标 a_i 表示的场量为 $\phi = a_1 + a_2x + a_3y + a_4xy$。

（1）求每条边上的 $\phi = \phi(x,y)$；

（2）试问该单元与相邻的单元协调吗？也就是说，ϕ 在两单元的公共边上是否相同？

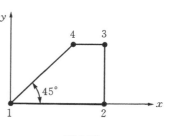

题 4 图

5. 题 5 图中是一个与材料力学教材中相仿的受均布载荷作用的带支承悬臂梁。试问：这个模型对实际情况都做了哪些理想化处理？

6. 圆柱管横截面如题 6 图示，内外壁的温度分别为 T_1 和 T_2。管内任意半径处温度的解析解为 $T = T_1 + (T_2 - T_1)\dfrac{\ln(r/r_1)}{\ln(r_2/r_1)}$。但是，实际情形和这一理想情况可能差别较大，使得上述解析解不再适合，而需要借助于有限元方法确定温度分布。试举出使上述解析解不适合的几个具体情形。

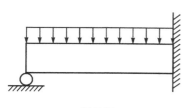

题 5 图

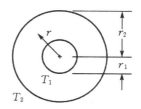

题 6 图

第 2 章　一维单元及计算步骤

本章的目的是通过介绍一维问题,展示有限元方法通用的计算步骤。本章将解决以下五个问题:①单元矩阵的建立;②系统方程的组装;③载荷和边界条件的施加;④系统方程的求解;⑤单元应力、应变的计算。

2.1　引　言

一维结构包括受轴向载荷的杆、受横向载荷的梁以及传导热和电的杆等。在力学术语中,仅承受轴向载荷的一维结构称为杆——如杆的拉压;以受横向载荷为特征的一维结构称为梁——如梁的弯曲;扭转变形的特征是横截面的转动,即杆的扭转。三种变形都存在时的一维结构,也称复合梁。

有 n 个杆件的桁架可用 n 个杆单元来建模,而对于由 n 个直杆组成的刚架结构,一般需要 n 个梁单元。这样,一维单元用于静力学分析时,离散阶段就变得很简单,因而"结构力学的矩阵方法"就显得优于本教材将要讲述的有限元方法。

尽管如此,有限元软件中提供的杆单元和梁单元还能得以广泛使用有两方面原因:一方面它可单独使用,另一方面它可和其他类型单元结合运用。例如,梁单元可以附加到板单元以模拟补强板结构等。

不管单元的数量和类型有多少,有限元方法都包含以下计算步骤:

(1)生成描述单元性能的矩阵,即形成单元刚度矩阵。

(2)把单元连接在一起,即将单元刚度矩阵进行组装,形成整体刚度矩阵。

(3)指定受载荷的结点,即加载。

(4)指定具有支撑条件的结点,即处理位移约束。

(5)求解以整体刚度矩阵和载荷列阵组成的系统(线性代数)方程组,获得场量的结点值。

(6)进一步计算梯度:如获得力学分析中的应变、应力,或热分析中的热流量等,进行后处理。

2.2　杆 单 元

如图 2.2 - 1(a)所示的一维杆单元,有两个结点,分别为结点 1 和结点 2,杆长为 L,横截面面积为 A,材料的弹性模量为 E,坐标轴 x 方向沿杆的轴线方向。规定:结点力 F 和结点位移 u 与 x 方向一致时,其值为正,否则为负。

下面研究图 2.2 - 1(a)所示的杆的应力分析问题,其力和位移的基本关系为:

$$F = AE \frac{\mathrm{d}u}{\mathrm{d}x} \tag{2.2 - 1}$$

它是杆上必须点点满足的本构关系和几何关系的综合体现。

由图 2.2 - 1(b)得到:

$$\frac{AE}{L}(u_1 - u_2) = F_1 \quad （对于结点 1） \tag{2.2-2a}$$

$$\frac{AE}{L}(u_2 - u_1) = F_2 \quad （对于结点 2） \tag{2.2-2b}$$

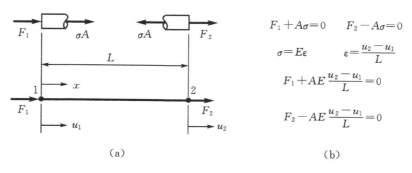

图 2.2-1 杆单元及受力分析

式(2.2-2)可重新整理成

$$\begin{bmatrix} k & -k \\ -k & k \end{bmatrix} \begin{Bmatrix} u_1 \\ u_2 \end{Bmatrix} = \begin{Bmatrix} F_1 \\ F_2 \end{Bmatrix} \tag{2.2-3}$$

式中：$k = \dfrac{AE}{L}$，称为杆的拉压刚度。显然，k 与我们熟知的弹簧刚度系数具有相同的量纲，这实际也是它"刚度"称谓的由来。我们把由 k 组成的(2.2-3)式中的系数矩阵称为该单元的刚度矩阵。

式(2.2-3)比式(2.2-2)在形式上更加有规律，实际上，式(2.2-3)正揭示了杆单元上的作用力与位移之间的内在本质。特别地，刚度矩阵中的元素，具有如下通用物理解释：

刚度矩阵中的每一列元素，是为维持某种变形状态而施加于单元结点上的载荷，具体而言，当某结点位移为单位值、所有其余结点位移均为 0 时，所有结点上所需的载荷值即为该结点所在列的刚度矩阵的元素值。

例如，第二列元素就是当 $u_1 = 0$ 且 $u_2 = 1$ 时结点 1 和 2 上所需的载荷，即有如下关系

$$\begin{bmatrix} k & -k \\ -k & k \end{bmatrix} \begin{Bmatrix} 0 \\ 1 \end{Bmatrix} = k \begin{Bmatrix} -1 \\ 1 \end{Bmatrix} \triangleq \begin{Bmatrix} F_1^{(0,1)} \\ F_2^{(0,1)} \end{Bmatrix} = \frac{AE}{L} \begin{Bmatrix} -1 \\ 1 \end{Bmatrix} \tag{2.2-4}$$

对于如图 2.2-2 所示的热传导问题，可作与图 2.2-1 所示杆应力的相似分析。

热流和温度的基本关系为

$$q = -A\kappa \frac{\mathrm{d}T}{\mathrm{d}x} \tag{2.2-5}$$

式中：q 为热流，单位 W；T 为温度；A 为杆横截面面积；κ 为热传导系数。

由图 2.2-2 得到

$$\begin{bmatrix} A\kappa/L & -A\kappa/L \\ -A\kappa/L & A\kappa/L \end{bmatrix} \begin{Bmatrix} T_1 \\ T_2 \end{Bmatrix} = - \begin{Bmatrix} q_1 \\ q_2 \end{Bmatrix} \tag{2.2-6}$$

显然，(2.2-6)与(2.2-3)两式完全相似，也符合刚度矩阵元素的通用解释。

接下来研究杆的系统方程组。

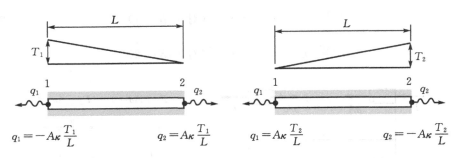

$$q_1=-A\kappa\frac{T_1}{L} \qquad q_2=A\kappa\frac{T_1}{L} \qquad q_1=A\kappa\frac{T_2}{L} \qquad q_2=-A\kappa\frac{T_2}{L}$$

图 2.2-2　一维热传导问题

考虑图 2.2-3 表示的由两个杆单元组成的系统。由系统层面的刚度矩阵的通用解释,参考图 2.2-3(b)、(c)和(d),不难得到

$$\begin{bmatrix} k_1 & -k_1 & 0 \\ -k_1 & k_1+k_2 & -k_2 \\ 0 & -k_2 & k_2 \end{bmatrix}\begin{Bmatrix} u_1 \\ u_2 \\ u_3 \end{Bmatrix}=\begin{Bmatrix} F_1 \\ F_2 \\ F_3 \end{Bmatrix} \qquad (2.2-7)$$

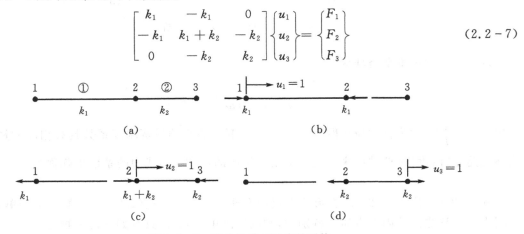

图 2.2-3　两个杆单元组成的系统

但若看成是两个单元的组合,则对于单元 1,刚度矩阵及对应的自由度为

$$\begin{array}{ccc} u_1 & u_2 & u_3 \end{array}$$
$$\begin{bmatrix} k_1 & -k_1 & 0 \\ -k_1 & k_1 & 0 \\ 0 & 0 & 0 \end{bmatrix} \qquad (2.2-8)$$

对于单元 2,刚度矩阵及对应的自由度为

$$\begin{array}{ccc} u_1 & u_2 & u_3 \end{array}$$
$$\begin{bmatrix} 0 & 0 & 0 \\ 0 & k_2 & -k_2 \\ 0 & -k_2 & k_2 \end{bmatrix} \qquad (2.2-9)$$

两个单元相"加",也可得式(2.2-7)左端所表示的系统刚度矩阵。可以看出,这种"加"不是简单直接的加,更准确地应称之为组装。后续将会看到,这种组装是一种具有普适性的过程,可逐单元地施行;通用解释,具有明确的物理含义,对于稍微多的结点(自由度)或稍微复杂的物理问题就不再具有可实际操作性。

实际上,(2.2-7)式的关系式还可理解为图 2.2-4 的三自由度弹簧系统。

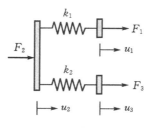

图 2.2-4

2.3　梁单元

如图 2.3-1(a)所示的一维梁单元,有两个结点,分别为结点 1 和结点 2,杆长度为 L,横截面惯性矩为 I_z,材料的弹性模量为 E。规定:结点力 F 和结点位移 v 与 y 方向一致时,其值为正,否则为负;结点矩(准确地应称为力偶)M 逆时针方向时,其值为正,否则为负。

对于一维梁单元,只需要一个坐标就可确定梁上点的不同位置。一维梁的特征是:每个结点有两个自由度,一个是垂直于梁长度方向的挠度(即横向位移),另一个是垂直于挠度和梁长所决定平面的转动(简称转角)。

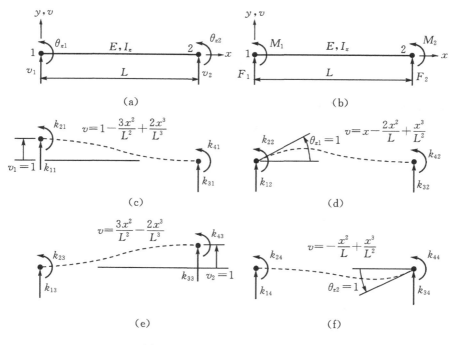

图 2.3-1　一维梁单元及其变形

仍然可以采用通用解释得到刚度矩阵的元素值。例如求 k_{11} 和 k_{12},图 2.3-1(a)和(b)所示的梁将看作是在端点 2 固定、端点 1 作用力 k_{11} 和力矩 k_{12} 的悬臂梁(参考图 2.3-1(c)),以产生 $v_1=1$ 的挠度和 $\theta_{z1}=0$ 的转角。这样,根据梁理论的计算公式,得到

$$\begin{cases} v_1 = \dfrac{k_{11}L^3}{3EI_z} - \dfrac{k_{21}L^2}{2EI_z} \triangleq 1 \\[3mm] \theta_{z1} = -\dfrac{k_{11}L^2}{2EI_z} + \dfrac{k_{21}L}{EI_z} \triangleq 0 \end{cases} \tag{2.3-1}$$

联立求解式(2.3-1),得到

$$\begin{cases} k_{11} = \dfrac{12EI_z}{L^3} \\[3mm] k_{21} = \dfrac{6EI_z}{L^2} \end{cases} \tag{2.3-2}$$

再根据整个杆的力平衡和矩平衡,相当于求出结点 2 处的支反力和力矩,得到

$$\begin{cases} k_{31} = -\dfrac{12EI_z}{L^3} \\[3mm] k_{41} = \dfrac{6EI_z}{L^2} \end{cases} \tag{2.3-3}$$

这样,刚度矩阵第一列的 4 个元素全部予以求出。

完全相似地,可求出其他三列的所有元素,最终得到该单元的刚度矩阵为

$$[k] = \begin{bmatrix} \dfrac{12EI_z}{L^3} & \dfrac{6EI_z}{L^2} & -\dfrac{12EI_z}{L^3} & \dfrac{6EI_z}{L^2} \\[3mm] \dfrac{6EI_z}{L^2} & \dfrac{4EI_z}{L} & -\dfrac{6EI_z}{L^2} & \dfrac{2EI_z}{L} \\[3mm] -\dfrac{12EI_z}{L^3} & -\dfrac{6EI_z}{L^2} & \dfrac{12EI_z}{L^3} & -\dfrac{6EI_z}{L^2} \\[3mm] \dfrac{6EI_z}{L^2} & \dfrac{2EI_z}{L} & -\dfrac{6EI_z}{L^2} & \dfrac{4EI_z}{L} \end{bmatrix} \begin{matrix} v_1 \\ \theta_{z1} \\ v_2 \\ \theta_{z2} \end{matrix} \tag{2.3-4}$$

二维梁是指在二维平面内任意放置和变形的梁单元。对每个梁自身而言,仍是一维的;但由于梁单元位于一个平面内,需要建立二维坐标系,以识别梁上的不同点。为进行坐标变换,此时每个结点的自由度扩充至三个,即面内的两个平动自由度和垂直于该面的转动。于是,式(2.3-4)扩展为

$$[k] = \begin{bmatrix} X & 0 & 0 & -X & 0 & 0 \\ 0 & Y_1 & Y_2 & 0 & -Y_1 & Y_2 \\ 0 & Y_2 & Y_3 & 0 & -Y_2 & Y_4 \\ -X & 0 & 0 & X & 0 & 0 \\ 0 & -Y_1 & -Y_2 & 0 & Y_1 & -Y_2 \\ 0 & Y_2 & Y_4 & 0 & -Y_2 & Y_3 \end{bmatrix} \begin{matrix} u_1 \\ v_1 \\ \theta_{z1} \\ u_2 \\ v_2 \\ \theta_{z2} \end{matrix} \tag{2.3-5}$$

式中:$X = \dfrac{AE}{L}$;$Y_1 = \dfrac{12EI_z}{L^3}$;$Y_2 = \dfrac{6EI_z}{L^2}$;$Y_3 = \dfrac{4EI_z}{L}$;$Y_4 = \dfrac{2EI_z}{L}$。上式已为不可避免的拉压变形做好了铺垫。

特别指出的是,每个梁的刚度矩阵将是由一维梁的刚度矩阵转换而来(参考 2.4 节),此时,二维梁其物理本质还是一维梁。其中,位移矢量在梁长垂直方向的分量即一维梁的挠度。

三维梁是指在三维空间放置和变形的梁单元(参见图 2.3-2)。对每个梁自身而言,仍是一维梁;但由于梁单元位于三维空间中,需要建立三维坐标系,以识别梁上的不同点,此时,从

整体而言,几何上梁是三维的。这样,三维梁的每个结点具有六个自由度,即三个平动和三个转动。

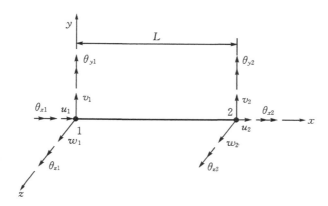

图 2.3 - 2　三维梁单元及结点自由度

相应地,刚度矩阵具有如下形式:

$$
[k] = \begin{bmatrix}
X & 0 & 0 & 0 & 0 & 0 & \vdots & -X & 0 & 0 & 0 & 0 & 0 \\
 & Y_1 & 0 & 0 & 0 & Y_2 & \vdots & 0 & -Y_1 & 0 & 0 & 0 & Y_2 \\
 & & Z_1 & 0 & -Z_2 & 0 & \vdots & 0 & 0 & -Z_1 & 0 & -Z_2 & 0 \\
 & & & S & 0 & 0 & \vdots & 0 & 0 & 0 & -S & 0 & 0 \\
 & & & & Z_3 & 0 & \vdots & 0 & 0 & Z_2 & 0 & Z_4 & 0 \\
 & & & & & Y_3 & \vdots & 0 & -Y_2 & 0 & 0 & 0 & Y_4 \\
\cdots & \cdots & \cdots & \cdots & \cdots & \cdots & \vdots & \cdots & \cdots & \cdots & \cdots & \cdots & \cdots \\
 & & & & & & \vdots & X & 0 & 0 & 0 & 0 & 0 \\
 & & & & & & \vdots & & Y_1 & 0 & 0 & 0 & -Y_2 \\
 & & 对 & 称 & & & \vdots & & & Z_1 & 0 & Z_2 & 0 \\
 & & & & & & \vdots & & & & S & 0 & 0 \\
 & & & & & & \vdots & & & & & Z_3 & 0 \\
 & & & & & & \vdots & & & & & & Y_3 \\
\end{bmatrix}
\begin{matrix}
u_1 \\ v_1 \\ w_1 \\ \theta_{x1} \\ \theta_{y1} \\ \theta_{z1} \\ \\ u_2 \\ v_2 \\ w_2 \\ \theta_{x2} \\ \theta_{y2} \\ \theta_{z2}
\end{matrix}
$$

$$(2.3-6)$$

其中：$Z_1 = \dfrac{12EI_y}{L^3}$; $Z_2 = \dfrac{6EI_y}{L^2}$; $Z_3 = \dfrac{4EI_y}{L}$; $Z_4 = \dfrac{2EI_y}{L}$ 。

需要注意的是,当非圆形横截面被扭转时,横截面不再保持为平面,将发生"扭转翘曲"。为了考虑这种翘曲,在每个结点上还需再增加一个自由度——扭曲率 $\mathrm{d}\theta_x/\mathrm{d}x$（有些文献称其为"翘曲幅值"$\psi(x)$）,从而使三维梁的单元刚度矩阵成为一个 14×14 的矩阵。

2.4　空间杆单元和梁单元

2.2 节的杆单元和 2.3 节的梁单元及其刚度矩阵,都是在单元的局部坐标系下推导的。如果它们处在三维空间中,在总体坐标系中不同单元可能具有不同的取向,因而,必须进行坐标变换,以获得物理本质不变而数学上可以进行比较和运算的刚度矩阵。

　　需要强调的是,这里的坐标变换只是一种旋转变换,仅改变了单元特性的数学表达方式,以便适合于结构的总体坐标系而非每个单元的局部坐标系,但没有、也不能改变单元的内在物理特性。

2.4.1　杆单元

　　先看二维杆单元的变换。图 2.4－1(a)表示的是一个沿轴向拉压的杆单元,图 2.4－1(b)是在二维空间对其的一般描述。

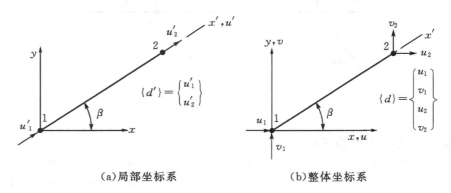

　　　　　　(a)局部坐标系　　　　　　　　　　　　(b)整体坐标系

图 2.4－1　不同坐标系中杆单元的自由度

　　此时,局部坐标系与整体坐标系表示的位移变换关系(以 u_1' 为例,参考图 2.4－2)为

$$u_1' = u_1 \cos\beta + v_1 \sin\beta \qquad (2.4-1)$$

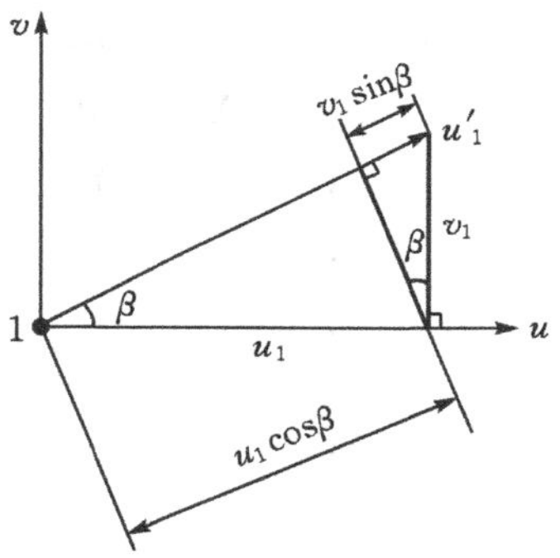

图 2.4－2　从整体自由度(位移)到局部自由度(位移)间的变换示意图

　　写成矩阵形式即为

$$\{d'\} = [T]\{d\} \qquad (2.4-2)$$

其中

$$[T] = \begin{bmatrix} \cos\beta & \sin\beta & 0 & 0 \\ 0 & 0 & \cos\beta & \sin\beta \end{bmatrix} \qquad (2.4-3)$$

是从整体 2 个结点 4 个位移自由度到局部 2 个结点 2 个位移自由度间的一个 2×4 的变换矩阵。

　　同样地,如图 2.4－3 和图 2.4－4 所示,对杆单元上所受的载荷也可进行变换,写成矩阵

形式即为

$$\{r\} = [T]^{\mathrm{T}} \{r'\} \tag{2.4-4}$$

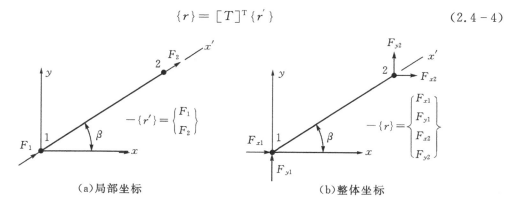

（a）局部坐标　　　　　　　　　　　　　　（b）整体坐标

图 2.4-3　不同坐标系中杆单元的载荷

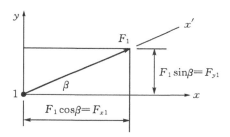

图 2.4-4　从局部坐标系下载荷到整体坐标系下载荷间的变换

再结合位移间的变换关系,得到

$$[k]\{d\} \triangleq -\{r\} \tag{2.4-5}$$

其中,整体坐标系下的 4×4 刚度矩阵与局部坐标系下的 2×2 刚度矩阵关系为

$$[k] = [T]^{\mathrm{T}} [k'] [T] \tag{2.4-6}$$

应该注意的是,整体坐标系下的刚度矩阵仍然符合刚度矩阵的通用物理解释。

再来看三维的杆单元(参考图 2.4-5),此时每个结点具有 3 个自由度,单元共有 6 个自由度。两坐标系间夹角的方向余弦如表 2.4-1 所示。

相应的变换矩阵为

$$[T] = \begin{bmatrix} l_1 & m_1 & n_1 & 0 & 0 & 0 \\ 0 & 0 & 0 & l_1 & m_1 & n_1 \end{bmatrix}_{(2\times6)} \tag{2.4-7}$$

表 2.4-1　整体坐标系与局部坐标系间的夹角余弦

	x	y	z
x'	l_1	m_1	n_1
y'	l_2	m_2	n_2
z'	l_3	m_3	n_3

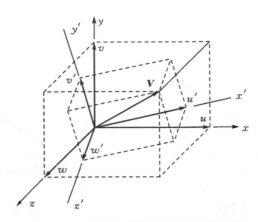

图 2.4 – 5　局部和整体坐标系中的矢量 **V**

2.4.2　梁单元

整体坐标系中任意取向梁单元的刚度矩阵可通过对三维梁单元刚度矩阵进行变换得到，此时转角自由度的变换与平移自由度的变换相似，即

对于位移自由度：$u'_1 = l_1 u_1 + m_1 v_1 + n_1 w_1$　　　　　　　　　　　　(2.4 – 8)

对于转角自由度：$\theta'_{x1} = l_1 \theta_{x1} + m_1 \theta_{y1} + n_1 \theta_{z1}$　　　　　　　　　　　(2.4 – 9)

于是，刚度矩阵的变化矩阵其形式为

$$[T]_{12\times12} = \begin{bmatrix} \boldsymbol{\Lambda} & 0 & 0 & 0 \\ 0 & \boldsymbol{\Lambda} & 0 & 0 \\ 0 & 0 & \boldsymbol{\Lambda} & 0 \\ 0 & 0 & 0 & \boldsymbol{\Lambda} \end{bmatrix} \qquad (2.4 – 10)$$

其中，子矩阵

$$\boldsymbol{\Lambda} = \begin{bmatrix} l_1 & m_1 & n_1 \\ l_2 & m_2 & n_2 \\ l_3 & m_3 & n_3 \end{bmatrix} \qquad (2.4 – 11)$$

需要指出的是，实际中局部坐标的方向一般根据单元的几何形状确定，这样易于运用单元的横截面特性并描述单元的基本物理特性。

2.5　单元的组装

本节将详细讨论单元刚度矩阵组装的原理和过程，以获得结构（系统）的总体刚度矩阵。本节所述原理和过程不仅适合于前几节讨论过的杆和梁单元，还适合于后续章节讨论的任何问题类型和任何结点数的单元。

刚度矩阵组装的理论依据是每个结点在每个方向都处于静力平衡状态，即

$$\sum_{i=1}^{N_{els}} \{r\}_i + \sum_{i=1}^{N_{els}} \{r_e\}_i + \{P\} = \{0\} \qquad (2.5 – 1)$$

式中第一项为单元的变形力，第二项为其他单元及约束对该单元施加的力，第三项为施加的

外力。

变形力可表示为

$$\{r\}_i = -[k]_i \{d\}_i \qquad (2.5-2)$$

其中,下标 i 表示单元编号(不求和),$[k]$ 和 $\{d\}$ 及 $\{r\}$ 与 $(2.4-5)$ 式中含义相同。

约束力和施加的外力之和统称为外力,若记为

$$\{R\} = \{P\} + \sum_{i=1}^{N_{els}} \{r_e\}_i \qquad (2.5-3)$$

那么,$(2.5-1)$式的结点平衡方程可改写为

$$[K]\{D\} = \{R\} \qquad (2.5-4)$$

其中 $\{D\}$ 为系统的整体自由度列阵。总体刚度与单元的刚度矩阵关系为

$$[K] = \bigoplus_{i=1}^{N_{els}} [k]_i \qquad (2.5-5)$$

上述的"求和"符号 $\oplus$,其含义是把"单元自由度"规模上的单元刚度矩阵扩展到"整体自由度"规模上的整体刚度矩阵,然后再相加,即进行"组装",数学上的更严谨表示可参照 4.7 节。

组装得到的总体刚度矩阵,只与结构的整体结点编号有关,与单元上结点的局部编号无关。例如,对于图 2.5-1 表示的两个三角形单元,组装过程如下:

单元 1 的 3×3 刚度矩阵为

$$[k]_1 = \begin{bmatrix} a_1 & a_2 & a_3 \\ a_4 & a_5 & a_6 \\ a_7 & a_8 & a_9 \end{bmatrix} \qquad (2.5-6)$$

单元 2 的 3×3 刚度矩阵为

$$[k]_2 = \begin{bmatrix} b_1 & b_2 & b_3 \\ b_4 & b_5 & b_6 \\ b_7 & b_8 & b_9 \end{bmatrix} \qquad (2.5-7)$$

组装得到的 4×4 整体刚度矩阵为

$$[K] = [k]_1 \oplus [k]_2 = \begin{bmatrix} a_1 & a_3 & 0 & a_2 \\ a_7 & a_9 & 0 & a_8 \\ 0 & 0 & 0 & 0 \\ a_4 & a_6 & 0 & a_5 \end{bmatrix} + \begin{bmatrix} 0 & 0 & 0 & 0 \\ 0 & b_9 & b_8 & b_7 \\ 0 & b_6 & b_5 & b_4 \\ 0 & b_3 & b_2 & b_1 \end{bmatrix} \qquad (2.5-8)$$

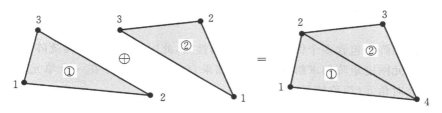

图 2.5-1　两个 3 结点 3 自由度单元刚度矩阵的组装

$(2.5-8)$式的得来是由于单元 1 的局部结点编号$(1,2,3)$对应总体的结点编号$(1,4,2)$,

单元 2 的局部结点编号(1,2,3)则对应总体的结点编号(4,3,2)。

2.6　刚度矩阵的特性

观察任何一个刚度矩阵,例如(2.2-7)式左端的刚度矩阵

$$\begin{bmatrix} k_1 & -k_1 & 0 \\ -k_1 & k_1+k_2 & -k_2 \\ 0 & -k_2 & k_2 \end{bmatrix} \qquad (2.6-1)$$

就会发现它是对称的,对角元素非零且为正。这只是对两个杆元所组成整体刚度矩阵观察得到的一些直观结论。

实际上,有限元的刚度矩阵具有 5 个共有特性,即主元非负性、对称性、稀疏性、带状性和半正定性。下面逐一进行分析。

1)主元非负性

依据 2.2 节中刚度矩阵的通用物理解释,刚度矩阵中的主对角元素(简称主元)为相应结点上的自由度取单位值、所有其余节点自由度取 0 时所需的载荷。换句话说,主元是在该自由度值为 1 时需在该自由度方向上施加的载荷。如果此值为负,在物理上是不合理的,因而必须非负。该值一般为正,对于为零的一些特殊情形,将会在后续相关章节提到。这就是刚度矩阵的主元非负性。

2)对称性

Betti(-Maxwell)互等定理表明,对于作用于同一个线弹性结构上的两组载荷,第一组载荷在第二组载荷产生位移上做的功等于第二组载荷在第一组载荷产生位移上做的功。

如果第一组载荷 $\{R\}_1$ 产生的位移为 $\{D\}_1$,第二组载荷 $\{R\}_2$ 产生的位移为 $\{D\}_2$,那么,根据互等定理,有

$$\{R\}_1^{\mathrm{T}}\{D\}_2 = \{R\}_2^{\mathrm{T}}\{D\}_1 \qquad (2.6-2)$$

根据结点平衡方程(2.5-4)式,并考虑到功的标量性,得到

$$\{D\}_1^{\mathrm{T}}([K]^{\mathrm{T}}-[K])\{D\}_2 = 0 \qquad (2.6-3)$$

考虑到 $\{D\}_1$ 和 $\{D\}_2$ 为任意两组不同载荷产生的位移,因而,要使得(2.6-3)式恒成立,则必有

$$[K]^{\mathrm{T}} = [K] \qquad (2.6-4)$$

即说明刚度矩阵是对称的。对于 Betti(-Maxwell)互等定理不适用的物理问题,根据有限元方程推导所遵循的数学关系,亦可证明刚度矩阵的对称性,具体参阅第 4、5 两章的相关章节。

3)稀疏性

稀疏性是指矩阵中包含多个恒为零的元素的性质,此时的矩阵称为稀疏阵。

从有限元单元刚度矩阵的求解过程发现,如果自由度 i 和 j 不在一个单元内,那么,这两个自由度间的非对角元(简称辅元)必为零,即

$$K_{ij} \equiv 0（如果 i 和 j 不在一个单元内） \qquad (2.6-5)$$

由于在有限元的网格中,能共单元的结点是非常有限的,或者说,大多数结点不会处在同一个单元内,因而,有限元刚度矩阵中的辅元将出现多个恒为零的现象,因而,刚度矩阵是稀疏的。

稀疏性是有限元方法中刚度矩阵独有的一个特性,它是由有限元网格及单元插值特性的局部性决定的。单元较少时,该特性并不明显;但当具有数以千、万计单元时,有限元刚度矩阵中 99% 以上的元素可能为零,稀疏性将非常突出,呈现出高度稀疏性。

有限元刚度矩阵的稀疏性,结合计算机的出现和发展,推动了数学家对大型稀疏矩阵求解的研究。

4)带状性

如果一个矩阵的非零元素分布在以主对角线为对称的带内,那么,就说该矩阵具有带状性。每行非零元到主元的最远距离(即元素的个数),称为矩阵的半带宽(semibandwidth),常简称为带宽。

实际上,带状性首先被研究者所关注和利用,它也是矩阵具有稀疏性的主要原因。目前的求解方法是基于带状性方法的进一步发展。由于利用稀疏性更能提高效率和节省存贮,所以,矩阵的带状特性现在很少再被单独提及。

5)半正定性

半正定性是指矩阵不是奇异就是正定、永远都不负定的特性。

有限元方法的总体刚度矩阵,在施加约束前是奇异的,施加约束后就是正定的,因而说它具有半正定性。

图 2.6-1 所示的平面桁架结构,具有 3 种常见的刚体位移,即 2 种平移和 1 种转动。

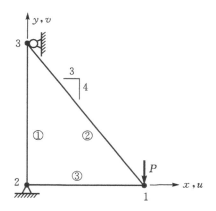

图 2.6-1　三根杆组成的平面桁架结构和它的刚体位移约束

2 种平移为

$$x \text{ 方向平移：}\quad \{D\}_1 = \begin{bmatrix} c & 0 & c & 0 & c & 0 \end{bmatrix}^T \qquad (2.6-6a)$$

$$y \text{ 方向平移：}\quad \{D\}_2 = \begin{bmatrix} 0 & c & 0 & c & 0 & c \end{bmatrix}^T \qquad (2.6-6b)$$

其中 c 为微小平移。

1 种转动为

$$\text{譬如绕结点 3 的转动：}\quad \{D\}_3 = \begin{bmatrix} 4\theta & 3\theta & 4\theta & 0 & 0 & 0 \end{bmatrix}^T \qquad (2.6-7)$$

其中 θ 为微小转动。

如果以上 3 种刚体位移之一没有被约束,不论约束的个数有多少,总体刚度矩阵都将是半正定的。所以,半正定性一般发生在没有支撑或支撑不足的结构的刚度矩阵中。

2.7　边界条件的处理

本节所言及的边界条件只是第 4 章所指的本质边界条件,在力学问题中就是常说的位移边界条件和/或转角边界条件。

根据刚度矩阵的半正定性,刚度矩阵本身在未做任何边界条件处理之前都是奇异的,因而,在系统方程建立之后,接下来需要处理边界条件,最低要求使得刚度矩阵作为系数矩阵保障它的正定性,另一方面,解决结构本身可能存在的过约束(超静定)问题。

由于有限元方法往往涉及成千上万个自由度的方程组求解,因而,对边界条件的处理应遵守这样的原则:在刚度矩阵中施加了边界条件,但同时又不破坏刚度矩阵的对称性、不改变总自由度数目、不改变自由度的排列顺序。这种做法的目的是为了在求解大型复杂问题时节省时间、提高效率,不致因较小部分边界条件的处理而偏离求解大自由度系统方程这一重点。

例如,系统方程组为

$$
\begin{bmatrix} K_{11} & K_{12} & K_{13} \\ K_{21} & K_{22} & K_{23} \\ K_{31} & K_{32} & K_{33} \end{bmatrix}
\begin{Bmatrix} D_1 \\ D_2 \\ D_3 \end{Bmatrix} =
\begin{Bmatrix} R_1 \\ R_2 \\ R_3 \end{Bmatrix}
\tag{2.7-1}
$$

假定边界条件为 $D_2 = \Delta_2$,如果将边界条件代入到第一和第三个方程中,系统方程组将变成

$$
\begin{bmatrix} K_{11} & 0 & K_{13} \\ K_{21} & 0 & K_{23} \\ K_{31} & 0 & K_{33} \end{bmatrix}
\begin{Bmatrix} D_1 \\ D_2 \\ D_3 \end{Bmatrix} =
\begin{Bmatrix} R_1 - K_{12}\Delta_2 \\ R_2 - K_{22}\Delta_2 \\ R_3 - K_{32}\Delta_2 \end{Bmatrix}
\tag{2.7-2}
$$

显然,这种处理方法破坏了系数矩阵的对称性,第二个方程还变成了一个不能被求解的无效方程,因而不宜被推荐使用。

一种改进的做法是用 $D_2 = \Delta_2$ 代替(2.7-2)式中的第二个无效方程,即变成为

$$
\begin{bmatrix} K_{11} & 0 & K_{13} \\ 0 & 1 & 0 \\ K_{31} & 0 & K_{33} \end{bmatrix}
\begin{Bmatrix} D_1 \\ D_2 \\ D_3 \end{Bmatrix} =
\begin{Bmatrix} R_1 - K_{12}\Delta_2 \\ \Delta_2 \\ R_3 - K_{32}\Delta_2 \end{Bmatrix}
\tag{2.7-3}
$$

这样,系数矩阵的对称性保留了下来;由于第二个方程实际只是一次恒等的空操作,因而,自由度的顺序也保持了下来。对于 $\Delta_2 = 0$ 时的情形,就更为简单。

(2.7-3)式还有些微不足,就是第二个主元为绝对值 1,与矩阵元素的物理值往往相差很大,存在大数小数一起运算带来的数值运算病态的危险。为此,一种更好的做法是保留第二个主元的物理值,从而变成

$$
\begin{bmatrix} K_{11} & 0 & K_{13} \\ 0 & K_{22} & 0 \\ K_{31} & 0 & K_{33} \end{bmatrix}
\begin{Bmatrix} D_1 \\ D_2 \\ D_3 \end{Bmatrix} =
\begin{Bmatrix} R_1 - K_{12}\Delta_2 \\ K_{22}\Delta_2 \\ R_3 - K_{32}\Delta_2 \end{Bmatrix}
\tag{2.7-4}
$$

(2.7-4)式的形式是目前被普遍采用的边界条件处理方式。

需要说明的是,对于不适宜于用(2.7-4)式处理的更复杂边界条件,可采用数学上更常用的拉格朗日(Lagrange)乘子法或罚函数方法等进行处理。

2.8　结点编号与方程组的求解

在边界条件处理完后,系统方程组的系数矩阵就是正定的,从数学角度就可求解了。但考虑到我们的目标是求解一个大规模问题,求解效率就成为选用求解算法时所最为关注的指标。

决定求解效率的是刚度矩阵的对称性及稀疏性。

较多方法形成的系数矩阵都具有对称性,利用其可减少存贮量、提高求解效率;然而,仅利用对称性,对求解效率的提高很有限。

对于大型问题,刚度矩阵所表现出的稀疏性,可使刚度矩阵中多达 99% 以上的元素为零,若能很好利用该特性,将会大大提高求解效率。这是有限元方法最显著的特点和可被利用的特征,这也是仅有限元方法能被用于求解大型复杂问题的一个最主要原因。

2.8.1　结点编号

根据有限元方法的理论,结点编号的顺序可以是任意的,它并不影响结果的精度;但不同的编号顺序会得到系统矩阵中元素(特别是非零元素)不同的分布形式,也就是说,不同的结点编号会使矩阵中各元素(特别是我们关注的零元素)排列在矩阵中的不同位置,从而影响求解效率。

为有效提高大型代数方程组的求解效率,需寻找一种有助于节省存贮空间并得以利用的系数矩阵元素的较佳分布形式,进而发展或寻求一种求解方法,充分利用这种分布形式。这就引出有限元网格剖分中的一个重要议题,即结点编号和稀疏性关系问题。

如图 2.8-1 表示的两结点单元网格,它在物理上可代表梁单元、电阻器或供水系统管路等,这些不同的物理背景不影响下面我们对问题的一般性讨论。为了便于说明,假定各结点仅有一个自由度。不难发现,实际的刚度矩阵将如图 2.8-2 所示。

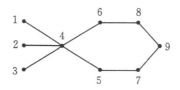

图 2.8-1　两结点单元组成的网格

根据对称性,只要将矩阵中的上三角各元素予以存贮,就可以保留矩阵的全部信息。于是,在求解方程时,相应的方法也只需要对图 2.8-2 中轮廓线下方到包括对角线的各元素进行处理即可。

这样,系统矩阵可依一维数组的形式按列存贮所需的全部元素,包含轮廓线到对角线的各元素,成为以下形式:

$$[A \quad C \quad E \quad B \quad D \quad F \quad G \quad H \quad J \quad I \quad 0 \quad L \quad K \quad 0 \quad N \quad M \quad 0 \quad Q \quad P \quad R \quad S]$$

$$(2.8-1)$$

系统矩阵共存贮了 21 个元素,我们说总长度为 21。我们现在算一笔账:全部 9×9 矩阵共 81 个元素,利用对称性,元素个数减为 $10 \times 9/2 = 45$ 个元素,而现在的方法,只存贮了 21 个元素,可以想象,以这样的方式,对大型问题,其存贮元素个数的比率还会得到显著下降,据此编制的求解算法,其计算效率也会更高。

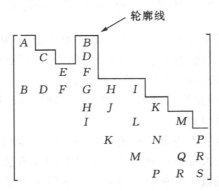

图 2.8-2　图 2.8-1 所示网格对应的系统矩阵外形

但这样的存贮带来了两个问题,我们先来看第一个。

第一个问题是这种一维存贮与二维的实际矩阵怎么实现对应呢?毕竟我们要求解的还是一个带两个指标(这里不太恰当地也称为二维)的系数矩阵的代数方程组。

这个问题的解决是借助于两个长度为 n(总自由度数)的整数型辅助数组来完成的:一个用来记录每一列非零元素的数目,另一个用来记录主元在一维存贮中的位置,这两个数组之间还紧密相关。

例如,对于我们所考虑的图 2.8-1 与图 2.8-2 问题,每一列非零元素的数目(局部半带宽)依次为

$$b = [b_i] = [1 \quad 1 \quad 1 \quad 4 \quad 2 \quad 3 \quad 3 \quad 3 \quad 3] \tag{2.8-2}$$

此为第一个辅助数组。

对角元的位置依次为

$$d = [d_i] = [1 \quad 2 \quad 3 \quad 7 \quad 9 \quad 12 \quad 15 \quad 18 \quad 21] \tag{2.8-3}$$

可以看出,(2.8-2)式中的第 i 个元素值的计算公式为 $b_i = i - j + 1$,其中 i 为结点号,j 为与结点 i 相连接的最小(不大于 i)结点号。(2.8-3)式中的第 i 个元素的值,就是(2.8-2)式中前 i 个元素之和,或者是(2.8-3)式前一个元素与(2.8-2)式中第 i 个元素之和,计算公式为 $d_i = d_{i-1} + b_i$,且 $d_1 = b_1$。

这两个辅助数组在有限元网格确定后,可模块化形成。

二维矩阵一维存贮带来的第二个问题是,既然减少零元素的计入,为什么还要记录局部带宽内的零元素?这样做出于两方面原因:一是这样的零元素与带外的零元素个数相比,数量已经很少;二是目前所采用的大多数算法只保证矩阵的轮廓不变,带内的零元素在求解过程中会变成为非零(称为"填充"),没必要对它们做特别处理。

如果图 2.8-1 网格中的结点编号改为如图 2.8-3 所示,其刚度矩阵的轮廓即图 2.8-4 所示,其刚度矩阵所存贮的元素依次为

$$[G \, H \, J \, K \, N \, P \, S \, R \, Q \, I \, 0 \, 0 \, 0 \, M \, L \, B \, 0 \, 0 \, 0 \, 0 \, 0 \, A$$
$$D \, 0 \, 0 \, 0 \, 0 \, 0 \, 0 \, C \, F \, 0 \, 0 \, 0 \, 0 \, 0 \, 0 \, 0 \, E] \tag{2.8-4}$$

可以看出,与图 2.8-2 相比,图 2.8-4 中的非零元素大小及个数没有变化,但由于带内增加了若干需计入的零元素,其分布发生了变化。于是,与上一个结点编号方式相比,对应的

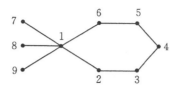

图 2.8-3　图 2.8-1结构在结点顺序重排号后的情形

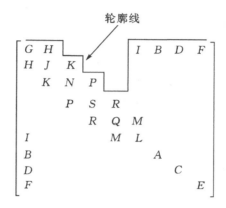

图 2.8-4　图 2.8-3网格对应的系统矩阵的外形轮廓

系统矩阵一维存贮的总长度由原来的 21 变成了 39,增加了 18 个零元素。由于这些零元素将会经历"填充过程",从而大大增加了计算量,降低了计算效率。因而,我们说这种编号方案比上一个方案差。

关于本节讲解的结点编号与稀疏性关系问题,说明如下:

(1)结点编号的优化曾是有限元方法研究的一个热点问题,目前,商用软件的自动剖分网格程序都已具有这种功能。

(2)由于结构及其有限元网格的任意性和复杂性,从数学上要得到严格最优的结点编号几乎是不可能的,实际应用中也是没有必要的。"没有最佳,只有更佳"！目前的网格剖分和结点编排技术已能给出相当满意的方案,大大改善了求解效率。

(3)本节所介绍的存贮称为一维变带存贮,它是在经历了诸如对称存贮、带状存贮、波前法等许多尝试后演变而来,同时,求解方法也经历了相应的发展,认为是最好的一种。

(4)结点编号的优化、各列的局部带宽长度、主元的位置数组,这些与一维存贮有关信息的形成,均已实现程序化和模块化。

2.8.2　方程组求解

有限元方法的最后一个关键环节就是求解如下形式的线性代数方程组

$$[K]\{D\} = \{R\} \qquad (2.8-5)$$

数学上,其解可表示为

$$\{D\} = [K]^{-1}\{R\} \qquad (2.8-6)$$

但是,对于有限元方法所针对的大型问题,利用(2.8-6)式的求逆方法是行不通的,这是由于两个原因：

（1）特别耗时：数学上已经证明，直接进行矩阵求逆，在矩阵运算中运算量最大，最为耗时。因而，在数值计算中，应尽量回避对矩阵直接求逆。

（2）内存需求量大：直接求逆不能很好利用有限元矩阵的良好性态，特别是有限元所独有的卓越的高度稀疏性，内存需求量激增。一个稀疏矩阵，一般来说，其逆不会是和它一样的稀疏矩阵，恰恰相反，很有可能是一个满阵。

这样，(2.8-6)式以逆矩阵表示的解，只是一种形式，必须寻求更为有效的算法。目前，求解(2.8-5)式，常采用两种途径，一种是直接求解，一种是迭代求解。

直接求解包括高斯(Gauss)消去法，乔列斯基(Cholesky)分解法等类似方法。其优点是可直接获得结果；其缺点是，对特大规模问题，仍很费时。

迭代解法需变换方程的形式，以符合迭代所要求的收敛格式。其优点是，对带内的零元素，不出现"填充"过程，对超大规模问题特别适合；其缺点是存在收敛性问题，必须保证格式收敛和初值恰当。

与一维存贮对应的求解方法是 Cholesky 分解方法，是一种直接解法。目前该算法已发展得很成熟，实现了程序化和模块化。

2.9　载荷与应力

2.9.1　机械载荷

在有限元方法中，当力施加在结点上时，可直接成为右端载荷项。本节讨论载荷施加在单元上的情形，而把直接施加在结点上的情形作为其特例。

当载荷作用在单元的域或边界上时，载荷必须等效为结点载荷。详细的等效原则及计算公式将在第 3、4、5 章经过理论推导给出，这里我们只说明等效是必须遵守一定原则的，简单说就是必须遵守静力等效和力矩等效的原则，在此原则下，将载荷等效地分配到相应结点上。

假定图 2.9-1 中各杆的自重分别为 W_1、W_2 和 W_3，则自重引起的各结点的等效载荷分别为：

$$(W_2+W_3)/2 \qquad (W_1+W_3)/2 \qquad (W_2+W_1)/2 \qquad (2.9-1)$$

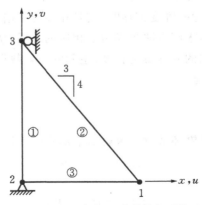

图 2.9-1　三根杆组成的桁架系统

特别地,若结点 2 在载荷作用(垂直)方向有位移约束,对应的右端项由于约束反力作用而其总值并不明确、仍在待求,所以各结点的等效载荷就写为:

$$\left[-\frac{1}{2}(W_2+W_3)\quad 0\quad -\frac{1}{2}(W_1+W_2)\right]^{\mathrm{T}} \qquad (2.9-2)$$

有些文献将受约束结点 2 等效载荷为零的现象称为"Lost Load"。这实际上是一种数学上等效的处理方式,并不反映其物理本质。

常用的等效载荷原则是一致结点载荷,有时称为协调结点载荷;在动力学问题的质量等效时,除一致质量等效方式外,还有团聚质量等效方式。

一致结点等效载荷与刚度矩阵一样,根据有限元形函数计算得到,故得名,具体形式如式(3.3-7)之二式等表示。以均匀杆为例,这里介绍与之等价的材料力学方法,即静力等效法。梁单元亦可仿此进行,只是情形更为复杂。

下面对杆单元和梁单元分别予以分析。

1)杆单元

如图 2.9-2(a)所示,受轴向均布载荷的杆在两端结点上的等效载荷分别为 $qL/2$。如图 2.9-2(b)所示,其上的轴向应力按线性分布,右端为压(负),左端为拉(正),大小相同。

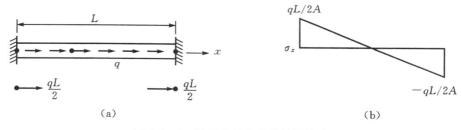

图 2.9-2　受轴向均布载荷的杆单元

如图 2.9-3 所示,作用在离左端 1/3 处的集中力,在两端结点上的等效载荷分别为:左端结点 $2P/3$;右端结点 $P/3$。其上的轴向应力由于在 1/3 处存在集中的外力,出现跳跃;左端为拉伸,右端为压缩。

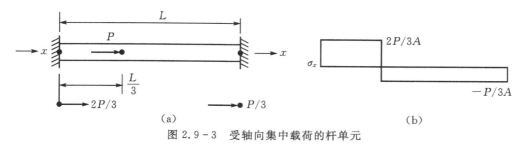

图 2.9-3　受轴向集中载荷的杆单元

在结点处的总载荷等于各个单元在结点上等效力的合力(矢量合成,也可理解为组装)。对于有约束的结点,由于约束反力必须保证约束的满足,因而,总载荷是个待求的量,在建立方程的右端项中一般不予出现,对求解没有实际作用,这可用来解释前面所说的"Lost Load"。

有限元方法中计算应力属后处理,一般并不准确。当叠加上约束反力效应后,就可得到约束结点处的值,在简单情形下有时相当准确。如图 2.9-4 所示的受轴向均布载荷的情形,若分为两个单元,实际分布的应力为线性变化的实线,各单元计算的应力为虚线表示的常值,结点处的应力与实际应力间的关系如图 2.9-4 所示。

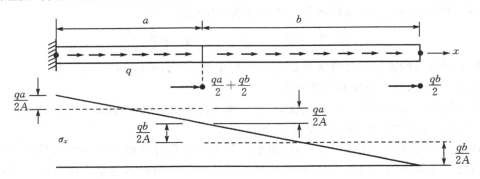

图 2.9-4 受轴向均匀分布载荷情形时的应力计算

2)梁单元

同样地,可通过材料力学方法计算梁单元的等效载荷——等效力和等效矩。

例如,对于图 2.9-5 所示梁单元受均匀分布横向载荷的情形,相应的等效力和等效矩如图 2.9-5(a)所示,其上的广义应力(弯矩)分布如图 2.9-5(b)所示。

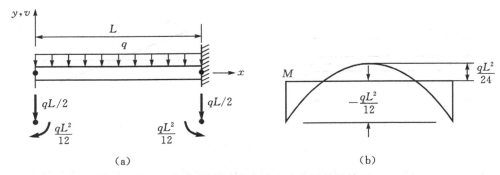

（a）   （b）

图 2.9-5 受横向均匀分布力作用的梁单元

将图 2.9-5 等效载荷的方式用于图 2.9-6 所示的两个梁单元的情形(假定两个单元的长度分别为 a 和 b),得到的非约束结点的等效力和矩分别如图 2.9-7(a)所示。还有一种将外载荷(例如横向均布力)仅等效成力、而不考虑等效矩的等效方式,称为折算载荷,如图 2.9-7(b)所示,这是从不同角度对载荷的等效考虑,此时,非约束结点处的等效载荷只保留了等效力部分。实践表明,这两种等效思想各有特点,难以用简单的"好与坏"一言以蔽之。

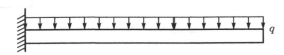

图 2.9-6 受横向均布载荷的两个梁单元

2.9.2 热载荷

结构温度分布(场)的变化同样可能产生应力,称为热应力。由于温度应力是以温度变化产生的附加载荷形式产生作用,一般又称为热载荷或温度载荷。

仅温度应力、不考虑其他载荷作用的计算,可分以下四个步骤:

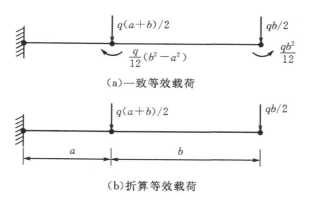

（a）一致等效载荷

（b）折算等效载荷

图 2.9-7 两个梁单元等效载荷的情形

Step 1,在各单元上,计算由于约束温度场变化产生的应变所对应的"初"应力,进而计算由初应力在结点上等效的载荷。详细可参考后面 3.1 节和 3.3 节关于初应力的处理。

Step 2,组装单元刚度矩阵和 Step 1 中计算的结点等效载荷。

Step 3,求解 Step 2 中载荷产生的结点位移,并计算由此产生的单元应变和应力。

Step 4,计及热应力引起的本构变化,将 Step 1 中计算的初应力叠加,得到单元的最终应力。

若同时还有其他载荷作用,运用有限元计算时,将它们等效地组装到结点载荷上即可。

例如分析图 2.9-8 所示的温度载荷问题。

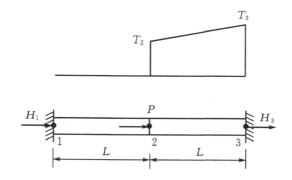

图 2.9-8 温度载荷和机械载荷共同作用下杆的拉伸问题

起初杆维持在 $T=0$ 的等温状态,轴向集中力 P 作用于杆的中点。由于温度变化,杆右半部分(第二个单元 2—3)的温度变为从 T_2 到 T_3 的线性分布。这样,仅 2—3 单元存在温度初应力。对于单元 2—3,由于平均温度变化 $(T_2+T_3)/2$,按照上述温度应力计算的四个步骤,分析如下:

Step 1,单元 2—3 由于热胀被约束所产生的初应力为 $\sigma_0 = -E\alpha\dfrac{T_2+T_3}{2}$ (负号表示压,相当于该单元具有一种待膨胀的初应力)

Step 2,结点 2 和 3 的等效结点力大小均为 $F = |A\sigma_0| = AE\alpha\dfrac{T_2+T_3}{2}$。假定坐标向右为

正向,则结点 2 处的等效力向左为负,结点 3 处向右为正。

Step 3,形成系统方程

$$\frac{AE}{L}\begin{bmatrix} 1 & -1 & 0 \\ -1 & 2 & -1 \\ 0 & -1 & 1 \end{bmatrix}\begin{Bmatrix} u_1 \\ u_2 \\ u_3 \end{Bmatrix} = \begin{Bmatrix} H_1 \\ P - AE\alpha(T_2 + T_3)/2 \\ H_3 + AE\alpha(T_2 + T_3)/2 \end{Bmatrix} \qquad (2.9-3)$$

Step 4,施加约束,求解得

$$u_1 = 0, \quad u_2 = \frac{PL}{2AE} - \frac{\alpha L(T_2 + T_3)}{4}, \quad u_3 = 0 \qquad (2.9-4)$$

进而可求出各单元上的应力及端点处的反力 H_1 和 H_3。

关于温度应力问题,说明如下:

(1)温度应力计算中的温度场是相对于某一参考温度而定义的温度场增量。仅热应力分析并不需要绝对温度,可根据需要选取参考温度。计算将得到与温度场增量相关的应力变化。

(2)参考温度时已存在的残余应力,不影响下一个温度应力的计算;但总热应力,需叠加此残余应力。

(3)温度梯度不是产生热应力的必然条件,热应力计算必须综合考虑材料属性、支撑条件等多种因素。例如,均匀的简支梁从上表面到下表面温度若线性变化,虽然梁可能已变形成圆弧状,但仍然是无应力状态。

实际应用中,热载荷引起的热应力分析问题,可直接按热应变计入本构关系中,将会产生一个初应变效应。这样,概念更清晰,方法更直接。

2.10　结构对称性

如果结构具有某种对称性,可利用它来简化有限元模型的规模,减少计算量。特别地,由于分析人员需要准备和核对的输入数据量相对减少,出现差错的可能性也就随之变小。

对称性包括反射对称(面对称)、斜对称(点对称)、轴对称、重复对称等多种情形,本节只介绍反射对称和斜对称两种情形,至于轴对称和重复对称等情形,读者可根据需要后续拓展学习。

2.10.1　反射对称

若结构相对某平面,在几何形状、约束条件及材料属性上具有对称性,则称该结构具有反射对称或者镜面对称性。

例如图 2.10-1,该结构关于 $x=0$ 和 $y=0$ 的平面都反射对称,因而是具有反射对称的结构。不难看出,若利用结构的对称性,我们只需分析结构的 1/4,这样,对该结构进行建模及分析时,将耗费较小的精力和存贮空间。反射对称结构依据所作用的载荷,可简化为对称问题和反对称问题。

1)对称问题

若结构是反射对称的,载荷是对称的,那么

- S1,垂直于对称面方向(即图 2.10-2(a)中的 x 方向)无平移运动分量(即 $u_0 = 0$);
- S2,对称面(即图 2.10-2(a)中的 $y-z$ 平面)无转动分量(即 $\theta_{z0} = \partial v/\partial x \mid_{x=0} = 0$)。

该问题称为对称问题。

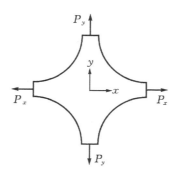

图 2.10 - 1　关于 $x=0$ 和 $y=0$ 平面都对称的反射对称结构

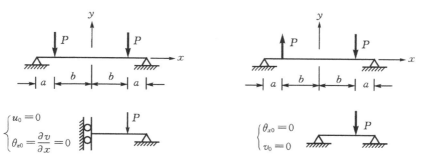

（a）受对称载荷作用的反射对称梁　　　　　（b）受反对称载荷作用的反射对称梁

图 2.10 - 2　反射对称结构的基本载荷形式

2）反对称问题

如果结构是对称的，而载荷是反对称的，那么

• A1，垂直于反对称面的方向（即图 2.10 - 2(b)中的 x 方向）无转动分量（即 $\theta_{x0} = \partial v/\partial z \mid_{x=0} = 0$ ）。

• A2，反对称面（即图 2.10 - 2(b)中的 $y - z$ 平面）无平移运动分量（即 $v_0 = 0$ ）。

该问题称为反对称问题。

大多数有限元分析软件已通过输入对称或反对称问题，自动获得相应的边界约束条件。

图 2.10 - 3 是应用结构反射对称性分析问题的一个实例过程。图 2.10 - 3(a)为整体结构的实际受力和弯矩（广义应力）情形；图 2.10 - 3(b)和(c)则将其分解为相应的对称问题和反对称问题。对有限元分析，仍然遵从这个分解过程，只是实际结构和载荷将更为复杂。

2.10.2　斜对称

若结构相对某点，在几何形状、约束条件及材料属性上具有对称性，则称结构具有斜（Skew）对称或者反转（Inversion）对称性。

若结构斜对称，载荷也斜对称，则为斜对称问题，例如图 2.10 - 4(a)的情形。

若结构斜对称，而载荷对称，则为斜反对称问题，例如图 2.10 - 4(b)的情形。

关于结构的对称性及应用，说明如下：

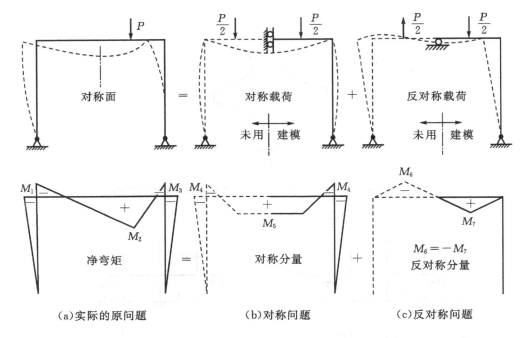

（a）实际的原问题　　　（b）对称问题　　　（c）反对称问题

图 2.10-3　反对称结构的应用实例

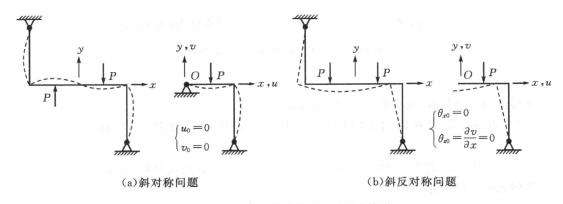

（a）斜对称问题　　　（b）斜反对称问题

图 2.10-4　斜对称结构的两种基本情形

（1）推测某一结构是否具有对称性,但特征又不明显时,可以先对结构进行粗网格的有限元分析,以确认所推测的对称性。较粗网格上的有限元分析,同样会展现出结构的这些基本性质。

（2）对于振动和屈曲等与动特性有关的问题,需谨慎使用对称特性。例如,均匀简支梁,相对于其中心具有对称性,但却同时具有反对称和对称的振动模态。然而,若考虑对称性,用一半梁进行分析,在对称面上不论采用何种等价边界条件,都将滤掉另一部分振动模态。惯常的做法是让对称面自由,再去除其刚体模态,从而获得结果,以避免模态丢失现象的发生。

习题 2

1. 在下述每一个梁问题中,将位移限定在 $x-y$ 平面内,采用一个单元,忽略横向剪切变形。记 $[K]\{D\} = \{R\}$ 且 $\{D\} = [v_1 \quad \theta_{z1} \quad v_2 \quad \theta_{z2}]^T$。使用(2.7−3)式的方法施加自由度约束。通过矩阵运算求解该问题,再与材料力学的梁理论结果进行比较。

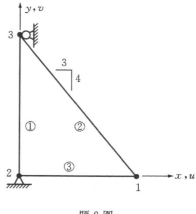

题 2 图

(1)左端固定悬臂梁,右端的横向位移给定为 v_{20},求对应的作用力及右端相应的转角。

(2)两端简支梁,左端转角给定为 θ_{10},求对应的力矩及右端相应的转角。

2. 如题 2 图所示平面桁架结构,假设各杆的 AE/L 均相同。

(1)推导该结构中三个单元的刚度矩阵,组装成整体刚度矩阵,并按图中约束进行约束处理。

(2)使用(2.7−3)式的方法在结点 1 处施加约束 $u_1 = c$ 和 $v_1 = 0$。求 v_3 及结点 1 处对应反力的 x 与 y 方向分量。

(3)使用(2)的结果,计算结点 2、3 处的支座反力。

3. 对题 3 图(a)重新进行结点编号成图(b)形式,即 7→6、6→9、9→7,其他结点编号不变。

(1)计算刚度矩阵[K]的半带宽和一维存贮总长度。

(2)高斯消去时将产生多少个"填充"?

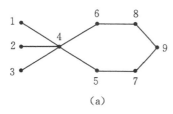 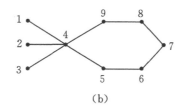

(a)　　　　　　　　　　(b)

题 3 图

4. 将题 4 图(a)的结点编号倒序编排成图(b),即 9→1、8→2,…。

(1)计算刚度矩阵[K]的半带宽和一维存贮总长度。

(2)高斯消去时将产生多少个"填充"?

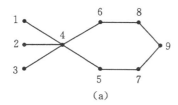 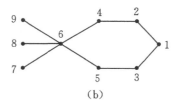

(a)　　　　　　　　　　(b)

题 4 图

5.(1)对题 5 图中的结构进行结点编号,使最大半带宽 b_{max} 较小,并计算总刚的一维存贮总长度 p 和高斯消去时产生的"填充"数目。

(2)给出一种编号方式,使得最大带宽 b_{max} 最大。

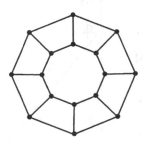

题 5 图

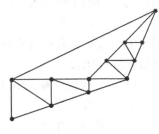

题 6 图

6.(1)对题 6 图中的结构进行结点编号,使最大半带宽 b_{max} 较小,并计算总刚的一维存贮总长度 p 和高斯消去时产生的"填充"数目。

(2)给出一种编号方式,使得最大带宽 b_{max} 最大。

7. 如下的刚度矩阵可表示多个线性弹簧-刚体块组成的实际结构,请设计这样的结构。

$$\begin{bmatrix} 18 & -6 & -6 & 0 \\ -6 & 12 & 0 & -6 \\ -6 & 0 & 12 & -6 \\ 0 & -6 & -6 & 12 \end{bmatrix}$$

8. 题 8 图(a)中三根杆的面积 A 和模量 E 均相同,每个结点均为铰接,总共有 4 个自由度;图(b)中无支撑梁的平衡方程为 $[K][D]=\{R\}$。对两图中具有不充分支撑的两种平面结构的刚度矩阵进行高斯消去。

(1)哪个方程将出现由于零对角元引起的问题?

(2)能对(1)中问题在哪步出现进行提前预测吗?

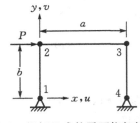

(a)三根杆组成的平面桁架结构

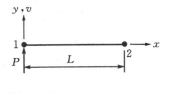

(b)无支撑的梁

题 8 图

9. 题 9 图示为受轴向载荷的结构,经约束处理后的总体方程组为

$$\begin{bmatrix} 12 & -6 & 0 \\ -6 & 12 & -6 \\ 0 & -6 & 6 \end{bmatrix}\begin{Bmatrix} u_2 \\ u_3 \\ u_4 \end{Bmatrix} = \begin{Bmatrix} 24 \\ 24 \\ 0 \end{Bmatrix}$$

(1)利用高斯消去法求解该方程组;

（2）第一次消去后得到的 K_{22} 的物理意义是什么？

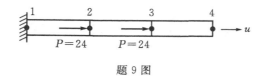

题 9 图

10．如题 10 图所示的结构，所有弹簧具有相同的刚度 k。

（1）除 F_2 外其他载荷都为 0，利用高斯消去法，以 k 和 F_2 表示各个自由度值；

（2）除 F_1 外其他载荷为 0，以 k 和 F_1 表示各自由度值。但这次不再从头开始，而是利用（1）中得到的三角化矩阵先折算载荷，然后再进行回代。

11．如题 11 图所示的结构，所有弹簧具有相同的刚度 k。

（1）除 F_2 外其他载荷都为 0，利用高斯消去法，以 k 和 F_2 表示各自由度值。

（2）除 F_1 外其他载荷为 0，以 k 和 F_1 表示各自由度值。但这次不再从头开始，而是利用（1）中得到的三角化矩阵先折算载荷，然后再进行回代。

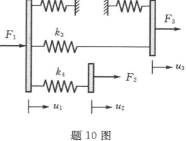

题 10 图

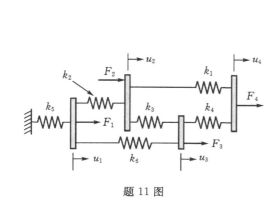

题 11 图

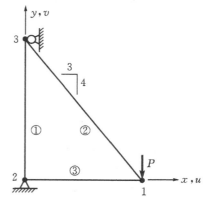

题 12 图

12．如题 12 图所示桁架结构，各杆的刚度 $k_1=k_2=k_3=EA/L$ 都相同。

（1）利用高斯消去法，以 k 和 P 表示 u_1、v_1 和 v_3。

（2）利用（1）中的结果和下式

$$\begin{bmatrix} k_3+0.36k_2 & -0.48k_2 & -k_3 & 0 & -0.36k_2 & 0.48k_2 \\ -0.48k_2 & 0.64k_2 & 0 & 0 & 0.48k_2 & -0.64k_2 \\ -k_3 & 0 & k_3 & 0 & 0 & 0 \\ 0 & 0 & 0 & k_1 & 0 & -k_1 \\ -0.36k_2 & 0.48k_2 & 0 & 0 & 0.36k_2 & -0.48k_2 \\ 0.48k_2 & -0.64k_2 & 0 & -k_1 & -0.48k_2 & k_1+0.64k_2 \end{bmatrix} \begin{Bmatrix} u_1 \\ v_1 \\ u_2 \\ v_2 \\ u_3 \\ v_3 \end{Bmatrix} = \begin{Bmatrix} 0 \\ -P \\ p_2 \\ q_2 \\ p_3 \\ 0 \end{Bmatrix}$$

计算支撑反力 p_2，q_2 及 p_3。证明这些反力和载荷 P 使桁架处于静力平衡状态。

第 3 章　基本单元

本章的目的是掌握单元刚度矩阵的推导过程;需要解决的问题有两个:一个是构造单元位移的插值函数,另一个是推导单元的刚度矩阵。

3.1　预备知识

为了后续章节的学习和公式推导,本节以弹性静力学问题为例,先介绍一些相关的预备知识。

3.1.1　应力-应变关系(本构关系)

本节介绍的预备知识是与材料基本力学性能有关的本构关系,即通常所说的应力-应变关系。三维情形下应力-应变关系的数学表达形式为张量形式,即

$$\sigma_{ij} = E_{ijkl}\varepsilon_{kl} \tag{3.1-1}$$

式中:σ_{ij} 和 ε_{kl} 分别为二阶应力张量,具有 3×3 个分量;E_{ijkl} 为四阶弹性张量,具有 $3\times3\times3\times3$ 个分量。对于张量知识不熟悉的读者,可跳过公式(3.1-1)。

在有限元方法中将采用与张量形式对应的向量(矩阵)形式,即

$$\{\sigma\} = [E]\{\varepsilon\} + \{\sigma_0\} \tag{3.1-2a}$$

$$\{\sigma\} = [E]\{\varepsilon - \varepsilon_0\} \tag{3.1-2b}$$

$$\{\sigma\} = [E](\{\varepsilon\} - \{\varepsilon_0\}) + \{\sigma_0\} \tag{3.1-2c}$$

式中:$\{\sigma\}$ 和 $\{\varepsilon\}$ 分别为具有 6 个分量的应力向量和应变向量;$[E]$ 为具有 6×6 个元素的对称弹性矩阵。这里需要说明的是,应力、应变表示成向量形式,只是为了运用更为容易理解和编程的矩阵运算,其实质仍是一个张量,并非矢量。同样地,$\{\sigma_0\}$ 为初应力向量,即应变为 0 时的应力;$\{\varepsilon_0\}$ 为初应变,即应力为 0 时的应变。

这样,式(3.1-2a)表示仅有初应力时的应力-应变关系,式(3.1-2b)表示仅有初应变时的应力-应变关系;式(3.1-2c)表示既有初应力又有初应变时的应力-应变关系,以描述整个场中每点可能出现的情形。

对于二维问题,例如平面应力问题,式(3.1-2a)的具体形式为

$$\begin{Bmatrix} \sigma_x \\ \sigma_y \\ \tau_{xy} \end{Bmatrix} = \begin{bmatrix} E_{11} & E_{12} & E_{13} \\ E_{21} & E_{22} & E_{23} \\ E_{31} & E_{32} & E_{33} \end{bmatrix} \begin{Bmatrix} \varepsilon_x \\ \varepsilon_y \\ \gamma_{xy} \end{Bmatrix} + \begin{Bmatrix} \sigma_{x0} \\ \sigma_{y0} \\ \tau_{xy0} \end{Bmatrix} \tag{3.1-3}$$

对于各向同性材料,式(3.1-3)中的弹性矩阵为

$$[E] = \frac{E}{1-\nu^2} \begin{bmatrix} 1 & \nu & 0 \\ \nu & 1 & 0 \\ 0 & 0 & (1-\nu)/2 \end{bmatrix} \tag{3.1-4a}$$

或

$$[E]^{-1} = \begin{bmatrix} 1/E & -\nu/E & 0 \\ -\nu/E & 1/E & 0 \\ 0 & 0 & 1/G \end{bmatrix} \tag{3.1-4b}$$

对于三维情形,应力和应变向量分别为

$$\{\sigma\} = \{\sigma_x \quad \sigma_y \quad \sigma_z \quad \tau_{xy} \quad \tau_{yz} \quad \tau_{zx}\}^T \tag{3.1-5a}$$

和

$$\{\varepsilon\} = \{\varepsilon_x \quad \varepsilon_y \quad \varepsilon_z \quad \gamma_{xy} = 2\varepsilon_{xy} \quad \gamma_{yz} = 2\varepsilon_{yz} \quad \gamma_{zx} = 2\varepsilon_{zx}\}^T \tag{3.1-5b}$$

初应力和初应变向量依式(3.1-5a、b)得到相应表示,三维时弹性矩阵 $[E]$ 的具体表达式可参阅有关文献或经简单推导得到,这里不再给出。

至此,已多处对弹性系数采用了不同的符号表示,现予以补充说明:式(3.1-4)右端中的 E 仅表示杨氏模量;而多处使用的 $[E]$ 则表示一种形式上的弹性矩阵;式(3.1-1)中的 E_{ijkl} 表示弹性张量的分量;式(3.1-3)中的 E_{ij} 表示二维弹性矩阵中元素的具体数值。另外,(3.1-4b)中的 G 为剪切模量。

3.1.2　应变-位移关系(几何关系)

第二个介绍的预备知识是描述宏观位移与内部应变之间的几何关系,即通常所说的应变-位移关系,弹性力学中对三维情形下小变形问题的应变定义为以下张量形式

$$\varepsilon_{ij} = (u_{i,j} + u_{j,i})/2 \tag{3.1-6}$$

同样,将其写成对应的向量形式即为

$$\{\varepsilon\} = [\tilde{B}]\{u\} \tag{3.1-7}$$

式中: $[\tilde{B}]$ 是一个微分算子矩阵。

对于二维情形,式(3.1-7)的具体形式为

$$\begin{Bmatrix} \varepsilon_x \\ \varepsilon_y \\ \gamma_{xy} \end{Bmatrix} = \begin{bmatrix} \dfrac{\partial}{\partial x} & 0 \\ 0 & \dfrac{\partial}{\partial y} \\ \dfrac{\partial}{\partial y} & \dfrac{\partial}{\partial x} \end{bmatrix} \begin{Bmatrix} u \\ v \end{Bmatrix} \tag{3.1-8}$$

对于三维情形,式(3.1-7)的具体形式为

$$\begin{Bmatrix} \varepsilon_x \\ \varepsilon_y \\ \varepsilon_z \\ \gamma_{xy} \\ \gamma_{yz} \\ \gamma_{zx} \end{Bmatrix} = \begin{bmatrix} \dfrac{\partial}{\partial x} & 0 & 0 \\ 0 & \dfrac{\partial}{\partial y} & 0 \\ 0 & 0 & \dfrac{\partial}{\partial z} \\ \dfrac{\partial}{\partial y} & \dfrac{\partial}{\partial x} & 0 \\ 0 & \dfrac{\partial}{\partial z} & \dfrac{\partial}{\partial y} \\ \dfrac{\partial}{\partial z} & 0 & \dfrac{\partial}{\partial x} \end{bmatrix} \begin{Bmatrix} u \\ v \\ w \end{Bmatrix} \tag{3.1-9}$$

3.1.3 平衡方程

第三个介绍的预备知识是决定所研究物理现象的控制微分方程,通常称为平衡方程,对于我们所考虑的弹性静力学问题,其张量形式为

$$\sigma_{ij,j} + F_i = 0 \qquad (3.1-10)$$

相应的向量形式为

$$[\widetilde{B}]^{\mathrm{T}}\{\sigma\} + \{F\} = \{0\} \qquad (3.1-11)$$

值得注意的是,只有在笛卡儿坐标系中,式(3.1-11)与式(3.1-7)两式中的 $\widetilde{B}$ 才具有相同的形式。

在二维情形下,控制方程的具体表达式为

$$\begin{cases} \sigma_{x,x} + \tau_{xy,y} + F_x = 0 \\ \tau_{xy,x} + \sigma_{y,y} + F_y = 0 \end{cases} \qquad (3.1-12)$$

在三维情形下,控制方程的具体表达式为

$$\begin{cases} \sigma_{x,x} + \tau_{xy,y} + \tau_{xz,z} + F_x = 0 \\ \tau_{xy,x} + \sigma_{y,y} + \tau_{yz,z} + F_y = 0 \\ \tau_{xz,x} + \tau_{yz,y} + \sigma_{z,z} + F_z = 0 \end{cases} \qquad (3.1-13)$$

式(3.1-12)及式(3.1-13)两式在第5章采用伽辽金(Galerkin)加权残值法形成有限元方程时将再次用到。

3.2 插值与形函数

3.2.1 插值与形函数

插值就是设计在某些点满足给定条件、并由这些点决定的一个连续函数。在有限元方法中,"某些点"具体化为有限元的结点。

在数学上,物理量 ϕ 用 n 次插值多项式可表示为

$$\phi = \sum_{i=0}^{n} a_i x^i \qquad (3.2-1a)$$

或用矩阵形式表示为

$$\phi = [X]\{a\} \qquad (3.2-1b)$$

式中 $[X] = \{1 \quad x \quad x^2 \cdots\}$ 为基函数行阵,$\{a\}$ 为广义自由度列阵。这里我们对行阵没有像数学上一样用列阵的转置表示是由于该阵一般情况下都是普通矩阵,只是目前所讨论问题特殊(一维、标量场)由一般矩阵退化成了行阵,而非永远的行阵。另外,如此表示将会保持以后公式推导形式的一致性。

换个角度,物理量 ϕ 还可表示为

$$\phi = [N]\{\phi_e\} \qquad (3.2-2)$$

式中 $\{\phi_e\}$ 为 ϕ 在 $(n+1)$ 个不同 x 处的值,据此定义及式(3.2-1b),不难得到

$$\{\phi_e\} = [A]\{a\} \qquad (3.2-3a)$$

又由于式(3.2-2)与式(3.2-1b)两式是同一个物理量 ϕ 的两种不同表达形式,经比较,可发现下列关系

$$[N] = \{N_1 \quad N_2 \quad \cdots\} = [X][A]^{-1} \tag{3.2-3b}$$

式中 $[N]$ 称为形函数矩阵(此处退化为行阵),是一种特殊的基函数,由 $(n+1)$ 个形函数依次排列而成。

式(3.2-3b)表达了形函数与一般基函数间的关系,可认为是形函数的定义。形函数实际上具有诸多性质,例如,具有如下插值特性

$$N_i(x_j) = \delta_{ij} = \begin{cases} 1, \text{当 } i = j \\ 0, \text{当 } i \neq j \end{cases} \tag{3.2-4}$$

后续章节将会看到,对于复杂单元,利用其性质构造形函数会更为简捷。

3.2.2 有限元插值的连续性阶次

在有限元方法中场量是在单元上、运用式(3.2-2)的形式进行分段插值的。也就是说,每一个"插值段"只限制在它的单元内部。因而,场量在每个单元上光滑变化时,在单元之间却可能是不光滑变化的。因而,常用连续性阶次来描述一个物理场插值在整个域上的连续性。

如果场量的插值函数直到 m 阶的导数在单元间连续,那么就称这个插值场是 C^m 连续的。

C^m 可用于区分单元类型。例如:C^0 单元用于平面和块体模型,表明仅插值场本身(0 阶导数)在单元间是连续的;C^1 单元用于梁、板和壳模型,表明插值场本身(0 阶导数)及梯度(一阶导数)在单元间都是连续性的。

3.2.3 形函数举例

形函数是有限元方法中新引入的一个非常重要的概念。下面举几个具体例子予以直观展示。

图 3.2-1(a)表示的是线性形函数,它可用来描述两结点的杆元。可以看出,形函数 N_1 在结点 1(左结点)处值为 1,在结点 2(右结点)处值为 0,单元上线性变化;形函数 N_2 在结点 2(右结点)处值为 1,在结点 1(左结点)处值为 0,单元上线性变化。

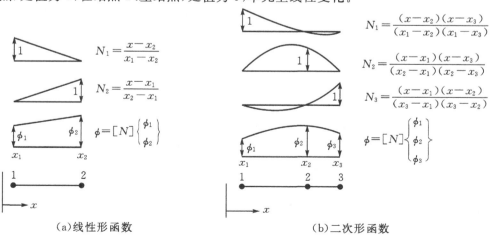

(a)线性形函数   (b)二次形函数

图 3.2-1   线性和二次形函数

图 3.2 - 1(b)表示的是二次形函数,可用来描述三结点的杆元。可以看出,形函数 N_1 在结点 1 处值为 1,在结点 2 和 3 处值均为 0,单元上二次变化;形函数 N_2 和 N_3 具有类似性质。

根据 3.2.2 节有限元插值连续性阶次的讨论,图 3.2 - 1 中两种形函数都是 C^0 类的。

图 3.2 - 2 中给出了两种不同的三次形函数,可以看出,虽然多项式最高次数相同,但在数学上和物理上都具有很大差异。

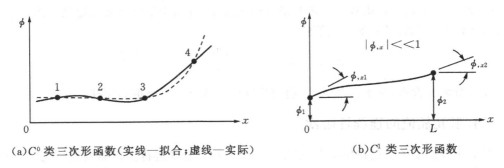

(a)C^0 类三次形函数(实线—拟合;虚线—实际)   (b)C^1 类三次形函数

图 3.2 - 2   两种不同的三次形函数

关于实际单元(如杆、梁)的形函数,陆续将具体讨论。

3.3   单元刚度矩阵

本节将采用虚功原理,获得单元刚度矩阵以及等效载荷的计算公式。这些结果适用于以结点位移为自由度的任意单元。本节运用的虚功原理,使我们忽略其他更多力学上的细节知识,仍可以得到这些基本公式。实际上,通过第 4 章的变分法和第 5 章的加权残值法同样可推导这些公式,还可使我们更深入地认识有限元方法的本质,并把它推广应用到结构分析以外的物理问题。

3.3.1   虚功原理及单元刚度矩阵和等效载荷的推导

在引入虚功原理之前,先介绍虚位移概念。虚位移是在系统结构中假想的、非常小的位移。为了分析问题,假设相对于载荷作用时的平衡状态有一个"容许"虚位移;"容许"是指不违反协调性和位移边界条件,同时规定载荷或应力不随虚位移而发生变化。

虚功原理又称为虚位移原理,数学表示为

$$\int \{\delta\varepsilon\}^{\mathrm{T}}\{\sigma\}\mathrm{d}V = \int \{\delta u\}^{\mathrm{T}}\{F\}\mathrm{d}V + \int \{\delta u\}^{\mathrm{T}}\{\Phi\}\mathrm{d}S \qquad (3.3-1)$$

上式可表述为:右端项外力在虚位移上做的功,等于左端项系统的虚变形能。

由于对应的平衡方程仍为式(3.1 - 11),虚功原理式(3.3 - 1)表明,位移法有限元在平均意义或积分意义上满足平衡微分方程,即是数学上所称的弱形式。相应地,平衡微分方程(3.1 - 11)在数学上则称为强形式。关于强形式、弱形式以及数学上对边界条件的分类,将在第 4 章中予以介绍。

这样,仿照式(3.2 - 2),单元位移插值及虚位移插值可表示为

$$\begin{cases} \{u\} = [N]\{d\} \\ \{\delta u\} = [N]\{\delta d\} \end{cases} \qquad (3.3-2)$$

再利用几何关系得到虚应变为

$$\{\delta\varepsilon\}=[B]\{\delta d\} \tag{3.3-3}$$

式中

$$[B]=[\widetilde{B}][N] \tag{3.3-4}$$

代入虚功方程式(3.3-1)得到

$$\begin{aligned}&\{\delta d\}^{\mathrm{T}}\Big(\int[B]^{\mathrm{T}}[E][B]\mathrm{d}V\{d\}-\int[B]^{\mathrm{T}}[E]\{\varepsilon_0\}\mathrm{d}V+\int[B]^{\mathrm{T}}\{\sigma_0\}\mathrm{d}V\\&-\int[N]^{\mathrm{T}}\{F\}\mathrm{d}V-\int[N]^{\mathrm{T}}\{\Phi\}\mathrm{d}S\Big)=0\end{aligned} \tag{3.3-5}$$

考虑到虚位移的任意性,式(3.3-5)式给出

$$[k]\{d\}=\{r_e\} \tag{3.3-6}$$

其中单元刚度矩阵和等效载荷列阵分别为

$$\begin{cases}[k]=\int[B]^{\mathrm{T}}[E][B]\mathrm{d}V\\\{r_e\}=\int[N]^{\mathrm{T}}\{F\}\mathrm{d}V+\int[N]^{\mathrm{T}}\{\Phi\}\mathrm{d}S+\int[B]^{\mathrm{T}}[E]\{\varepsilon_0\}\mathrm{d}V-\int[B]^{\mathrm{T}}\{\sigma_0\}\mathrm{d}V\end{cases} \tag{3.3-7}$$

再经 2.5 节已讲述过的对单元刚度矩阵和等效载荷列阵组装,最后形成总体的系统方程

$$[K]\{D\}=\{R\} \tag{3.3-8}$$

3.3.2 虚功原理在简单单元中的应用

先将式(3.3-7)应用于杆单元。

图 3.3-1 为两结点杆元和它的两个形函数。如图所示,结点的坐标值分别为 $x_1=0$,$x_2=L$,于是,形函数的具体形式为

$$[N]=\begin{Bmatrix}\dfrac{L-x}{L} & \dfrac{x}{L}\end{Bmatrix} \tag{3.3-9}$$

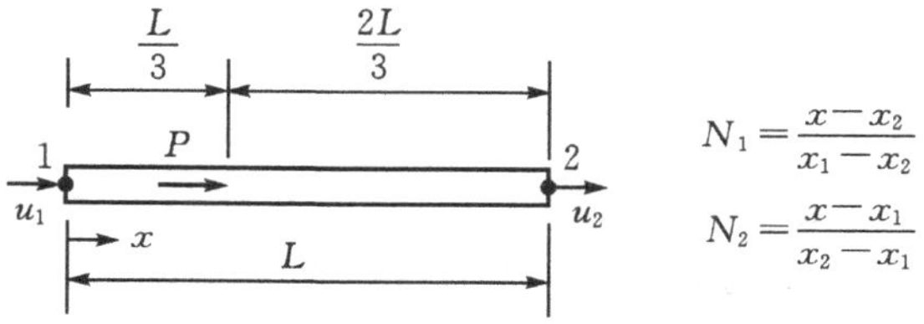

L/3
2L/3
1
P
2
u1
u2
x
L
N1 = (x − x2)/(x1 − x2)
N2 = (x − x1)/(x2 − x1)

图 3.3-1　两结点杆元及其形函数

进而得到应变矩阵为

$$[B]=\frac{\mathrm{d}}{\mathrm{d}x}[N]=\begin{Bmatrix}\dfrac{-1}{L} & \dfrac{1}{L}\end{Bmatrix} \tag{3.3-10}$$

代入式(3.3-7)之第一式得到刚度矩阵为

$$[k]=\int_0^L[B]^{\mathrm{T}}E[B]A\,\mathrm{d}x=\frac{AE}{L}\begin{bmatrix}1 & -1\\-1 & 1\end{bmatrix} \tag{3.3-11}$$

与第 2 章的式(2.2-3)左端完全相同。

若假定该杆在 $x=L/3$ 处作用集中力 P,并存在由于均匀温度变化 T 引起的初始应力

$\sigma_0 = -E\alpha T$ ，代入式(3.3-7)之第二式，得到等效载荷为

$$\{r_e\} = [N_{L/3}]^{\mathrm{T}}P - \int_0^L [B]^{\mathrm{T}}(-E\alpha T)A\mathrm{d}x$$

$$= \begin{Bmatrix} 2P/3 \\ P/3 \end{Bmatrix} + EA\alpha T \begin{Bmatrix} -1 \\ 1 \end{Bmatrix} \tag{3.3-12}$$

式(3.3-12)与第2章中图2.9-3(a)和图2.9-7两种载荷作用的叠加效果完全相同。

下面将式(3.3-7)应用于梁单元。

图3.3-2为受均布横向力作用的两结点梁单元及形函数。需要指出的是，由于梁单元为 C^1 类单元，挠度 v 用形函数表示为

$$v = [N]\{d\} \tag{3.3-13}$$

式中 $\{d\} = \{v_1 \quad \theta_{z1} \quad v_2 \quad \theta_{z2}\}^{\mathrm{T}}$ 为4个单元自由度。

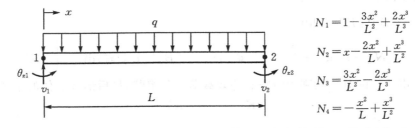

$$N_1 = 1 - \frac{3x^2}{L^2} + \frac{2x^3}{L^3}$$

$$N_2 = x - \frac{2x^2}{L} + \frac{x^3}{L^2}$$

$$N_3 = \frac{3x^2}{L^2} - \frac{2x^3}{L^3}$$

$$N_4 = -\frac{x^2}{L} + \frac{x^3}{L^2}$$

图3.3-2　两结点梁单元及形函数

而形函数矩阵 $[N] = \{N_1 \quad N_2 \quad N_3 \quad N_4\}$ 满足

$$\begin{cases} N_1|_{x=0} = 1, \quad N_2|_{x=0} = 0, \quad N_3|_{x=0} = 0, \quad N_4|_{x=0} = 0 \\ \left.\dfrac{\partial N_1}{\partial x}\right|_{x=0} = 0, \quad \left.\dfrac{\partial N_2}{\partial x}\right|_{x=0} = 1, \quad \left.\dfrac{\partial N_3}{\partial x}\right|_{x=0} = 0, \quad \left.\dfrac{\partial N_4}{\partial x}\right|_{x=0} = 0 \\ N_1|_{x=L} = 0, \quad N_2|_{x=L} = 0, \quad N_3|_{x=L} = 1, \quad N_4|_{x=L} = 0 \\ \left.\dfrac{\partial N_1}{\partial x}\right|_{x=L} = 0, \quad \left.\dfrac{\partial N_2}{\partial x}\right|_{x=L} = 0, \quad \left.\dfrac{\partial N_3}{\partial x}\right|_{x=L} = 0, \quad \left.\dfrac{\partial N_4}{\partial x}\right|_{x=L} = 1 \end{cases} \tag{3.3-14}$$

也就是说，图3.3-2中的形函数根据式(3.3-14)的条件推导而来。

对于经典梁理论，其广义应力和应变分别为弯矩 M 和曲率 κ，本构关系可表示为

$$M = EI_z\kappa \tag{3.3-15}$$

其中 I_z 为梁截面的轴惯矩，EI_z 称为梁的弯曲刚度。

几何关系相应地为

$$\kappa = \frac{\mathrm{d}^2 v}{\mathrm{d}x^2} = [B]\{d\} \tag{3.3-16}$$

于是得到

$$[B] = \frac{\mathrm{d}^2}{\mathrm{d}x^2}[N]$$

$$= \left\{ -\frac{6}{L^2} + \frac{12x}{L^3} \quad -\frac{4}{L} + \frac{6x}{L^2} \quad \frac{6}{L^2} - \frac{12x}{L^3} \quad -\frac{2}{L} + \frac{6x}{L^2} \right\} \tag{3.3-17}$$

所以，单元刚度矩阵为

$$[k] = \int_0^L [B]^T EI_z [B] \mathrm{d}x$$

$$= \frac{EI_z}{L^3} \begin{bmatrix} 12 & 6L & -12 & 6L \\ 6L & 4L^2 & -6L & 2L^2 \\ -12 & -6L & 12 & -6L \\ 6L & 2L^2 & -6L & 4L^2 \end{bmatrix} \qquad (3.3-18)$$

式(3.3-18)与第 2 章的式(2.3-4)完全相同,但此处根据虚功原理直接推导而得。

同样,根据式(3.3-7)之二式,得到等效载荷为

$$\{r_e\} = -\int [N]^T q \mathrm{d}x = \begin{Bmatrix} -qL/2 \\ -qL^2/12 \\ -qL/2 \\ qL^2/12 \end{Bmatrix} \qquad (3.3-19)$$

式(3.3-19)与第 2 章图 2.9-5(a)中所表示完全相同,但此处却由虚功原理直接推导而得。

3.3.3　小结

3.3.2 节用两结点的杆单元和梁单元,充分展示了式(3.3-7)的单元刚度矩阵和等效载荷计算公式,并获得了与第 2 章完全相同的结果。麻雀虽小,五脏俱全,这两个简单例子生动地表现出有限元方法是一种具有独立体系的数值方法。有限元方法的思想和部分概念的历史渊源虽然可朴素地追溯到其他方法,但其突出特色正是采用了形函数和结点自由度,进而通过物理问题的弱形式(例如虚功原理),经推导得到了单元的刚度矩阵和等效载荷。

3.4　线性三角形单元——T3

线性三角形单元是一个场函数随笛卡儿直角坐标 x 和 y 线性变化的平面三角形单元,T3 取三角形 3 结点之意。由于该单元的线性插值位移场在结构分析时将产生一个常应变(力)场,该单元也常被称为常应变(力)三角形单元 CST。

3.4.1　T3 单元应用于标量场问题

首先分析 T3 单元在标量场问题中的应用。

图 3.4-1 是一个用于标量场 ϕ 插值的 T3 单元,该标量场可以是温度、电势或声压等物理量。于是

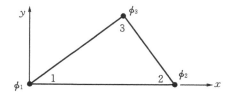

图 3.4-1　标量场问题中的 T3 单元

$$\phi = \begin{bmatrix} 1 & x & y \end{bmatrix} \begin{Bmatrix} a_1 \\ a_2 \\ a_3 \end{Bmatrix} = \begin{bmatrix} 1 & x & y \end{bmatrix} [A]^{-1} \begin{Bmatrix} \phi_1 \\ \phi_2 \\ \phi_3 \end{Bmatrix} \qquad (3.4-1)$$

其中的 $[A]$ 为结点自由度和广义自由度间的关系，即满足

$$\begin{Bmatrix} \phi_1 \\ \phi_2 \\ \phi_3 \end{Bmatrix} = [A] \begin{Bmatrix} a_1 \\ a_2 \\ a_3 \end{Bmatrix} \qquad (3.4-2)$$

这样，根据定义，形函数列阵为

$$[N] = \{1 \quad x \quad y\} [A]^{-1} \qquad (3.4-3)$$

通过式(3.4-2)定义 $[A]$ 矩阵、利用式(3.4-3)求得形函数列阵的方法我们称为"$[A]$矩阵法"。

为简化推导，假定 $x_1 = y_1 = y_2 = 0$，于是得到

$$[B] = \begin{Bmatrix} \partial/\partial x \\ \partial/\partial y \end{Bmatrix} [N] = \begin{bmatrix} 0 & 1 & 0 \\ 0 & 0 & 1 \end{bmatrix} [A]^{-1} = \begin{bmatrix} \dfrac{-1}{x_2} & \dfrac{1}{x_2} & 0 \\ \dfrac{x_3 - x_2}{x_2 y_3} & \dfrac{-x_3}{x_2 y_3} & \dfrac{1}{y_3} \end{bmatrix} \qquad (3.4-4)$$

显然，应变矩阵 $[B]$ 在单元上是个常数。

这样，如对于标量场的热传导问题，单元刚度矩阵即为

$$[k]_{3\times3} = \int [B]^{\mathrm{T}} [\kappa] [B] t \, \mathrm{d}A = [B]^{\mathrm{T}} [\kappa] [B] t A \qquad (3.4-5)$$

其中$[\kappa]$为二维热传导问题的热传导系数矩阵，t 和 A 分别为三角形单元的厚度和面积。

3.4.2　T3 单元应用于应力分析问题

再来分析 T3 单元在应力分析问题中的应用，以做为矢量场应用的例子(参见图 3.4-2)。

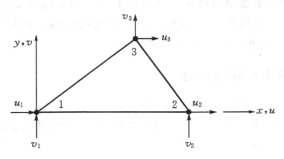

图 3.4-2　矢量场问题中的 T3 单元

对于应力分析问题，三角形单元是个二维单元，每个结点具有两个自由度，数学上其插值可表示为

$$\begin{cases} u = \{1 \quad x \quad y\} \begin{Bmatrix} a_1 \\ a_2 \\ a_3 \end{Bmatrix} \\[2em] v = \{1 \quad x \quad y\} \begin{Bmatrix} a_4 \\ a_5 \\ a_6 \end{Bmatrix} \end{cases} \qquad (3.4-6)$$

可以看出,其应变场为

$$\begin{cases} \varepsilon_x = a_2 \\ \varepsilon_y = a_6 \\ \gamma_{xy} = a_3 + a_5 \end{cases} \qquad (3.4-7)$$

在单元内确实是常应变。通过形函数,根据式(3.4-4)的已有结果,用结点自由度表示的常应变为

$$\begin{Bmatrix} \varepsilon_x \\ \varepsilon_y \\ \gamma_{xy} \end{Bmatrix} = \underbrace{\begin{bmatrix} \dfrac{-1}{x_2} & 0 & \dfrac{1}{x_2} & 0 & 0 & 0 \\[1em] 0 & \dfrac{x_3-x_2}{x_2 y_3} & 0 & \dfrac{-x_3}{x_2 y_3} & 0 & \dfrac{1}{y_3} \\[1em] \dfrac{x_3-x_2}{x_2 y_3} & \dfrac{-1}{x_2} & \dfrac{-x_3}{x_2 y_3} & \dfrac{1}{x_2} & \dfrac{1}{y_3} & 0 \end{bmatrix}}_{[B]} \begin{Bmatrix} u_1 \\ v_1 \\ u_2 \\ v_2 \\ u_3 \\ v_3 \end{Bmatrix} \qquad (3.4-8a)$$

也就是说

$$[B] = \begin{bmatrix} \dfrac{-1}{x_2} & 0 & \dfrac{1}{x_2} & 0 & 0 & 0 \\[1em] 0 & \dfrac{x_3-x_2}{x_2 y_3} & 0 & \dfrac{-x_3}{x_2 y_3} & 0 & \dfrac{1}{y_3} \\[1em] \dfrac{x_3-x_2}{x_2 y_3} & \dfrac{-1}{x_2} & \dfrac{-x_3}{x_2 y_3} & \dfrac{1}{x_2} & \dfrac{1}{y_3} & 0 \end{bmatrix} \qquad (3.4-8b)$$

这样,单元的刚度矩阵为

$$[k]_{6\times6} = \int [B]^{\mathrm{T}}[E][B] t \, \mathrm{d}A = [B]^{\mathrm{T}}[E][B] t A \qquad (3.4-9)$$

3.4.3　T3 单元的缺点

T3 是第一个针对平面结构分析而创造出的有限单元,但它在某些情形下的性能并不是很好。例如,在模拟一个实际的弯曲问题时,T3 单元的网格常常过刚,当网格细化时,虽能逼近正确结果,但收敛较慢;在平面应变问题中,网格可能会"锁死",使得整个结构根本不能变形。下面对这两点分别予以剖析。

1. T3 单元在弯曲问题中的缺点——剪切锁定

对于如图 3.4-3 所示的纯弯曲问题,由于常应变的形函数不能描述纯弯曲时应力和应变沿高度的线性变化特征,T3 单元给出的结果仅约为正确结果的 1/4。

考察图 3.4-3 中的左下角单元(参考图 3.4-4),由于此时 $N_2 = x/a$,仅为 x 的函数,不难得到该单元的应变为

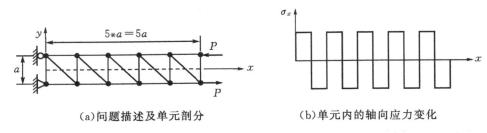

（a）问题描述及单元剖分　　　　　　（b）单元内的轴向应力变化

图 3.4-3　纯弯梁的 T3 单元建模

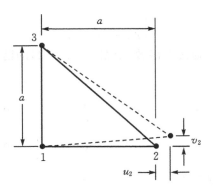

图 3.4-4　图 3.4-3 中左下角 T3 单元的性态

$$\begin{cases} \varepsilon_x = u_2/a \\ \varepsilon_y = 0 \\ \gamma_{xy} = v_2/a \end{cases} \qquad (3.4-10)$$

对于纯弯曲问题，该单元势必产生不应有的横向剪应变，消耗了外力做功对应变能的增加，换句话说，对于给定的变形，需要更大的载荷做功，因而 T3 单元表现出过刚现象，称之为剪切锁定。

2. T3 单元在平面应变问题中的缺点——泊松比锁定

平面应变问题的弹性矩阵为

$$[E] = \frac{E}{(1+\nu)(1-2\nu)} \begin{bmatrix} 1-\nu & \nu & 0 \\ \nu & 1-\nu & 0 \\ 0 & 0 & (1-2\nu)/2 \end{bmatrix} \qquad (3.4-11)$$

对于近不可压材料（$\nu \rightarrow 0.5$ 的情形），刚度矩阵趋于无穷，即几乎不允许有体积变形。

现在分析图 3.4-5 所示的平面应变问题：结点 5 的任何位移将导致单元 1-4-5 和 1-2-5 两个单元产生体积变形，但根据近不可压要求又不能发生位移。依此类推，所有结点都将不能发生位移。因而，用该单元进行有限元分析时整个网格都好像是刚性的、被锁住，称为泊松比锁定。

但是，对于平面应力问题，弹性矩阵如（3.1-4a）式所示，并不存在近不可压材料由于 $\nu \rightarrow 0.5$ 使得刚度趋于无穷的情形，因而也就不会出现泊松比锁定现象。

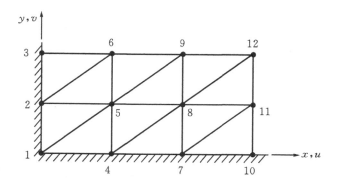

图 3.4 - 5　近不可压问题的 T3 单元建模

3.4.4　小结

在有限元方法中,"锁定"是指一个或多个变形模式的刚度出现过度变大的现象,是有限元方法中经常出现的术语。对于大长细比单元,3.4.3 节中的剪切"锁定"现象会趋于恶化。3.4.3 节中平面应变问题中出现的泊松比"锁定",由于完全相同的原因,在三维问题中也会出现。对于如温度场分析此类标量场问题,由于不涉及泊松比,不会出现泊松比"锁定"现象。

常用的处理锁定的方法有两种:一种是运用附加模式来补充单元的位移场;二是运用缩减数值积分法计算刚度矩阵以规避"锁定"现象。由于 T3 单元是一种最简单的有限单元(常应变单元),这两种方法都不适于解决该单元的锁定问题。

"锁定"现象还可以做其他的机理性解释,有兴趣的读者可参考有关文献。

3.5　二次三角形单元——T6

二次三角形是除三个顶点结点外、还有三个边结点的 6 结点三角形单元,如图 3.5 - 1 所示。T6 取三角形 6 结点之意。

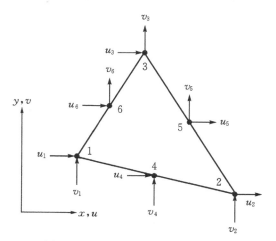

图 3.5 - 1　矢量场问题的 T6 单元

如图 3.5-1 所示 T6 单元的位移场是一个完全的二次式，即

$$\begin{cases} u = a_1 + a_2 x + a_3 y + a_4 x^2 + a_5 xy + a_6 y^2 \\ v = a_7 + a_8 x + a_9 y + a_{10} x^2 + a_{11} xy + a_{12} y^2 \end{cases} \tag{3.5-1}$$

其描述的单元应变为

$$\begin{cases} \varepsilon_x = a_2 + 2a_4 x + a_5 y \\ \varepsilon_y = a_9 + a_{11} x + 2a_{12} y \\ \gamma_{xy} = (a_3 + a_8) + (a_5 + 2a_{10}) x + (2a_6 + a_{11}) y \end{cases} \tag{3.5-2}$$

因而二次三角形单元是一种线性应变三角形单元，且应变具有一次完备性[①]。

同理，运用式(3.4-3)中的[A]矩阵法可以构造出该单元的形函数。需要说明的是，第 7 章将介绍更简单且常用的形函数构造方法，此处不给出通过这样复杂运算获得形函数的详细过程和具体结果。

图 3.5-2 为分别使用 T3 单元和 T6 单元的网格及无量纲化 v_A 和 σ_{xB} 的结果比较，从图中看出，尽管有更小的自由度(见图 3.5-2(b)、(c)与(d))，但 T6 单元比 T3 单元的求解精度还高，其必然性将在第 4 章中给出理论解释。可以证明，T6 单元能够精确模拟长细梁的纯弯曲问题。

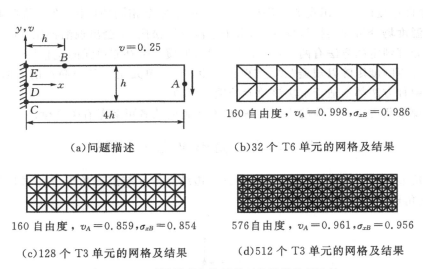

(a)问题描述　　　　　　　(b)32 个 T6 单元的网格及结果

160 自由度，$v_A = 0.998$，$\sigma_{xB} = 0.986$

160 自由度，$v_A = 0.859$，$\sigma_{xB} = 0.854$　　　576 自由度，$v_A = 0.961$，$\sigma_{xB} = 0.956$

(c)128 个 T3 单元的网格及结果　　　　(d)512 个 T3 单元的网格及结果

图 3.5-2　不同类型和数目单元的计算结果比较

3.6　双线性矩形单元——R4

3.6.1　R4 单元的插值函数

双线性矩形是 4 结点平面单元，对于矢量场问题，此时具有 8 个自由度，如图 3.6-1 所示。R4 取矩形 4 结点之意。

该单元的位移场插值函数用广义自由度表示为

---

① 　多项式函数的完备性将在 3.9.2 节讨论。

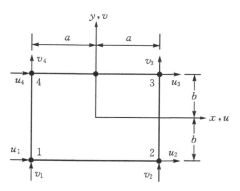

图 3.6-1 R4 单元及单元自由度

$$\begin{cases} u = a_1 + a_2 x + a_3 y + a_4 xy \\ v = a_5 + a_6 x + a_7 y + a_8 xy \end{cases} \tag{3.6-1}$$

相应地,单元的应变为

$$\begin{cases} \varepsilon_x = a_2 + a_4 y \\ \varepsilon_y = a_7 + a_8 x \\ \gamma_{xy} = (a_3 + a_6) + a_4 x + a_8 y \end{cases} \tag{3.6-2}$$

可以看出,应变虽然不再是常数,但 ε_x 和 ε_y 却也不是线性完备的。

实际上,若矩形单元的位移场插值函数用形函数和结点自由度表示为

$$u = \sum N_i u_i \tag{3.6-3}$$

则其中的 4 个形函数分别为

$$\begin{cases} N_1 = \dfrac{(a-x)(b-y)}{4ab} \\[2mm] N_2 = \dfrac{(a+x)(b-y)}{4ab} \\[2mm] N_3 = \dfrac{(a+x)(b+y)}{4ab} \\[2mm] N_4 = \dfrac{(a-x)(b+y)}{4ab} \end{cases} \tag{3.6-4}$$

可以看出,形函数是两个方向上的一维线性多项式的乘积,因而该单元又称作双线性矩形单元。显然,矩形单元形函数的具体形式与结点位置有关。进一步研究表明,形函数的形式还与矩形单元的放置方向(取向)有关,感兴趣的读者可参阅有关文献。

3.6.2 R4 单元的刚度矩阵推导

矢量场问题的单元位移场用单元结点自由度向量形式上可表示为

$$\{u\} = [N]\{d\} \tag{3.6-5}$$

具体形式则为

$$\begin{Bmatrix} u \\ v \end{Bmatrix} = \begin{bmatrix} N_1 & 0 & N_2 & 0 & N_3 & 0 & N_4 & 0 \\ 0 & N_1 & 0 & N_2 & 0 & N_3 & 0 & N_4 \end{bmatrix} \begin{Bmatrix} u_1 \\ v_1 \\ u_2 \\ \vdots \\ v_4 \end{Bmatrix} \tag{3.6-6}$$

同样地,矢量场问题的单元应变用单元结点自由度向量形式上可表示为

$$\{\boldsymbol{\varepsilon}\} = [B]\{d\} \tag{3.6-7}$$

由式(3.6-6)及式(3.1-8)得到

$$[B] = \frac{1}{4ab} \begin{bmatrix} -(b-y) & 0 & (b-y) & 0 & (b+y) & 0 & -(b+y) & 0 \\ 0 & -(a-x) & 0 & -(a+x) & 0 & (a+x) & 0 & (a-x) \\ -(a-x) & -(b-y) & -(a+x) & (b-y) & (a+x) & (b+y) & (a-x) & -(b+y) \end{bmatrix}$$
$$\tag{3.6-8}$$

相应地,得到单元的刚度矩阵为

$$[k]_{8\times8} = \int_{-b}^{b} \int_{-a}^{a} [B]_{8\times3}^{\mathrm{T}} [E]_{3\times3} [B]_{3\times8} t \mathrm{d}x \mathrm{d}y \tag{3.6-9}$$

对于矩形单元,很易实现其解析积分。

通过第 6 章讨论的等参单元思想将 R4 单元扩展至一般四边形单元,可消除本节对 R4 单元的矩形限定。

3.6.3　R4 单元的缺点

与 T3 单元一样,R4 单元也不能很好地描述纯弯曲状态,所寄生的剪应力会吸收应变能,使刚度变大,因而存在剪切锁定现象。

图 3.6-2(a)是纯弯曲时的变形情况,图 3.6-2(b)则是用双线性矩形单元模拟时的情形,结合材料力学知识和 R4 单元的插值特性,经推导可得

$$\frac{\theta_{\mathrm{el}}}{\theta_b} = \frac{1-\nu^2}{1+\dfrac{1-\nu}{2}\left(\dfrac{a}{b}\right)^2} \tag{3.6-10}$$

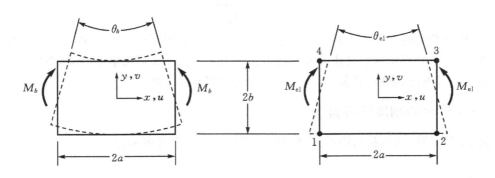

(a)纯弯曲时矩形梁的理论变形模式　　　　　(b)R4 单元的插值模式

图 3.6-2　用 R4 单元模拟长细梁的纯弯曲问题

可以看出,当纵横比 a/b 增大时,式(3.6-10)中的比值趋于零,出现剪切锁定。虽然理论上并不禁止弯曲变形的存在,但由于插值函数的局限,使得弯曲行为从单元的变形行为中逐渐被排除,因而,这种模式的高剪切应变能严重影响了理论上应占主导作用的弯曲能。

3.7　二次矩形单元——R8 和 R9

与 T3 单元增加边结点得到 T6 单元一样,对 R4 单元增加边结点和中心结点,可以得到二次矩形单元(参考图 3.7-1)。

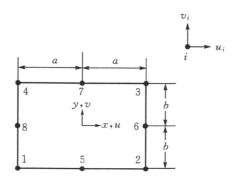

图 3.7-1　R8 单元及结点分布

对 R4 单元仅增加边结点形成的二次矩形单元,称为 8 结点矩形单元(R8),其位移插值函数为

$$\begin{cases} u = a_1 + a_2 x + a_3 y + a_4 x^2 + a_5 xy + a_6 y^2 + a_7 x^2 y + a_8 xy^2 \\ v = a_9 + a_{10} x + a_{11} y + a_{12} x^2 + a_{13} xy + a_{14} y^2 + a_{15} x^2 y + a_{16} xy^2 \end{cases} \tag{3.7-1}$$

该单元的应变为

$$\begin{cases} \varepsilon_x = a_2 + 2a_4 x + a_5 y + 2a_7 xy + a_8 y^2 \\ \varepsilon_y = a_{11} + a_{13} x + 2a_{14} y + a_{15} x^2 + 2a_{16} xy \\ \gamma_{xy} = (a_3 + a_{10}) + (a_5 + 2a_{12}) x + (2a_6 + a_{13}) y + a_7 x^2 + 2(a_8 + a_{15}) xy + a_{16} y^2 \end{cases} \tag{3.7-2}$$

如果再在单元的中心增加一个结点所形成的二次矩形单元,称为 9 结点矩形单元(R9),该单元属拉格朗日型元,是一种可通过两个单独方向形函数相乘得到其形函数的单元。

可以证明,R8 和 R9 单元消除了 R4 单元在模拟弯曲时出现的寄生剪切模式,因而规避了剪切锁定现象。

3.8　长方体单元——C8、C20 和 C27

长方体单元是矩形平面单元向三维的扩展。

如图 3.8-1 所示,8 结点长方体单元(C8)是 R4 单元向三维的扩展,该单元的位移插值函数形式为

$$u = a_1 + a_2 x + a_3 y + a_4 z + a_5 xy + a_6 yz + a_7 zx + a_8 xyz \tag{3.8-1}$$

可以看出,8 结点单元是一个三线性单元。位移插值以形函数形式表示为

$$\{u\} = [N]\{d\} \tag{3.8-2}$$

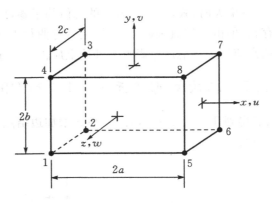

图 3.8-1 C8 单元及结点分布

具体形式为

$$
\begin{Bmatrix} u \\ v \\ w \end{Bmatrix} = \begin{bmatrix} N_1 & 0 & 0 & N_2 & 0 & 0 & N_3 & 0 & 0 & \cdots \\ 0 & N_1 & 0 & 0 & N_2 & 0 & 0 & N_3 & 0 & \cdots \\ 0 & 0 & N_1 & 0 & 0 & N_2 & 0 & 0 & N_3 & \cdots \end{bmatrix} \begin{Bmatrix} u_1 \\ v_1 \\ w_1 \\ u_2 \\ \vdots \\ w_8 \end{Bmatrix} \tag{3.8-3}
$$

这样,应用式(3.1-9)的几何关系,可得该单元的应变矩阵$[B]$。

于是,由式(3.3-7),得到该单元的刚度矩阵计算公式为

$$
[k]_{24\times24} = \int_{-c}^{c} \int_{-b}^{b} \int_{-a}^{a} [B]^{\mathrm{T}}_{24\times6} \, [E]_{6\times6} \, [B]_{6\times24} \, \mathrm{d}x\mathrm{d}y\mathrm{d}z \tag{3.8-4}
$$

如图 3.8-2 所示,C8 单元 12 条棱的中点处各加一个结点,C8 单元就成为 20 结点长方体单元(C20),形成 R8 单元向三维的扩展。该单元的位移插值函数为

$$
\begin{aligned}
u = {} & a_1 + a_2 x + a_3 y + a_4 z + a_5 x^2 + a_6 y^2 + a_7 z^2 \\
& + a_8 xy + a_9 yz + a_{10} zx + a_{11} x^2 y + a_{12} xy^2 \\
& + a_{13} y^2 z + a_{14} yz^2 + a_{15} z^2 x + a_{16} zx^2 + a_{17} xyz \\
& + a_{18} x^2 yz + a_{19} xy^2 z + a_{20} xyz^2
\end{aligned} \tag{3.8-5}
$$

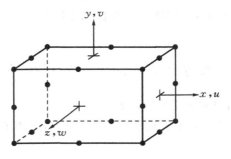

图 3.8-2 C20 单元及结点分布

需要指出的是,为了保证单元间的协调性,形函数中舍弃了在单方向次数较高的 x^3、y^3

和 z^3 三项。

当然,还可通过在 C20 单元 6 个表面的面心和体心增加结点,成为 27 结点长方体单元 (C27),形成 R9 单元向三维的扩展。

C8、C20 及 C27 单元的性能类似于相应的 R4、R8 和 R9 单元的性能,对单元形状长方体的限制将在第 6 章等参单元的研究中予以放宽。

3.9　插值函数的选取

3.9.1　插值函数的选取原则

回顾本章前几节讨论的单元,位移插值函数中的基函数实际遵守了以下三个基本原则:

1)位移插值必须能反映最基本的刚体位移和常应变两种模式。

遵守该原则的目的是为了当网格细化时,保证收敛到正确解。

具体做法是,在 C^0 类单元中位移插值包含完备的线性项。例如,对于 T3 单元,其位移插值为 $u = a_1 + a_2 x + a_3 y$,而不是 $u = a_1 x^2 + a_2 xy + a_3 y^2$,因后者不能模拟刚体位移和常应变模式。

对于梁、板和壳单元等 C^1 类单元,该原则要求能描述常曲率(广义应变)模式。

该原则是有限单元收敛的必要条件。

2)位移插值函数对各坐标应该是平衡的,即各坐标之间是可互换的。

由于坐标是研究者人为引入的,因而用于描述可能位移变化的插值函数不能有任何坐标偏向性,否则会扭曲物理本质,这是该原则设立的原因。

具体做法是,优先选取具有这种特性的基函数,即使其次数更高。例如,对于 R4 单元,我们选用 $u = a_1 + a_2 x + a_3 y + a_4 xy$ 插值,而不是 $u = a_1 + a_2 x + a_3 y + a_4 x^2$,因为后者中的两坐标不平衡、不能互换。

3)位移插值函数在单元的边界上由边结点确定。

遵守该原则可保证单元通过公共边、与相邻单元保持位移上的连续。

具体做法是,优先选取单个坐标次数较低的函数形式。例如,对于 R4 单元,选取 $u = a_1 + a_2 x + a_3 y + a_4 xy$,而不是 $u = a_1 + a_2 x + a_3 y + a_4(x^2 + y^2)$,因 xy 比 $x^2 + y^2$ 的次数低,在单元边上将退化成线性函数,可由边上的 2 个结点确定其变化,再通过单元的公共边(参考图 3.9-1 中的 2-3 边)、实现单元间(从而整个场)的位移连续。

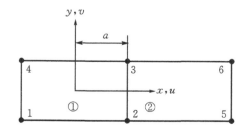

图 3.9-1　两个 R4 单元及单元间的连续性

R8 和 R9 单元形函数的确定,亦遵守了上述三个原则。

3.9.2 不同单元插值函数的选项及其完备性

我们将本章已涉及单元插值函数中的基函数项予以总结,如图 3.9 - 2 所示。

项目	T3	T6	Q4	Q8(Q9)
常量	1	1	1	1
线性	x y	x y	x y	x y
二次	——————	x^2 xy y^2	xy	x^2 xy y^2
三次	—————————————————			x^2y xy^2
四次	—————————————————————			(x^2y^2)

图 3.9 - 2　典型单元及形函数中所包含的基函数

为了描述插值函数的性态,引入插值函数完备性概念。

对于二维问题,完备的 n 次式是指包含 $l+m \leqslant n$ 的所有 $x^l y^m$ 项,此时称该插值是 n 次完备的;完备多项式的次数及所包含的项数分别如图 3.9 - 3 所示。对于三维问题,完备的 n 次式是指包含 $k+l+m \leqslant n$ 的所有 $x^k y^l z^m$ 项;完备多项式的次数及所包含的项数分别如图 3.9 - 4 所示。

杨辉三角形	阶次和项数	
1	0(常量)	1 项
x　y	1(线性)	3 项
x^2　xy　y^2	2(二次)	6 项
x^3　x^2y　xy^2　y^3	3(三次)	10 项
x^4　x^3y　x^2y^2　xy^3　y^4	4(四次)	15 项
x^5　x^4y　x^3y^2　x^2y^3　xy^4　y^5	5(五次)	21 项

图 3.9 - 3　二维问题的完备多项式及杨辉三角形

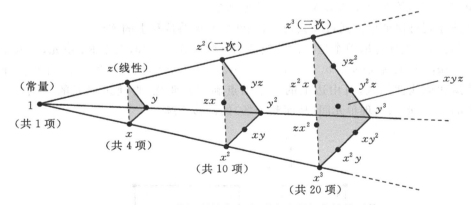

图 3.9 - 4　三维问题的完备多项式及所包含的基函数

由图 3.9 - 3 和 3.9 - 4 可以看出,完备的单元位移插值函数对各坐标是自动平衡的。T3 单元是完备的二维线性多项式插值;T6 单元是完备的二维二次多项式插值;C8 单元是不完备的三维三次式插值(三线性单元),因为它除了常数项和线性项外,只包含三个二次项(完备二次应该有 6 项)和一个三次项(完备三次应该有 10 项),但它们关于坐标都是平衡的。

3.10　结点载荷

3.10.1　结点载荷计算的理论公式及物理意义

若不考虑初应力和初应变,式(3.3-7)之二式给出的结点载荷计算公式为

$$\{r_e\} = \int [N]^T \{F\} dV + \int [N]^T \{\Phi\} dS \qquad (3.10-1)$$

这是一致结点载荷的计算公式,据此可计算得到与刚度矩阵一致的等效结点载荷。对上式两边同乘以 $\{d\}^T$,得到

$$W \triangleq \{d\}^T \{r_e\} = \int \{u\}^T \{F\} dV + \int \{u\}^T \{\Phi\} dS \qquad (3.10-2)$$

从上式左右两边的物理表述可以看出:

(1)结点等效载荷是在做功意义上的等效。

(2)一致结点载荷对分布载荷和体积力是静力等效的,即等效前后的载荷系统关于任意点具有相同的合力和合力矩。

实际上,通过刚体平移或绕任意点的旋转,很容易得到上述两点结论。例如,假定系统整体沿 x 方向做刚体平移,此时 $\{d_x\}^T$ 恒等于 1,$\{u_x\}^T$ 恒等于 1,代入(3.10-2)式后得到

$$\sum_i (r_e)_x^i = \int F_x dV + \int \Phi_x dS \qquad (3.10-3)$$

显然,上述表明 x 方向的合力在等效前后是相同的。

3.10.2　典型载荷的等效计算

下面看几种常见典型载荷的等效计算。

1. 线性单元边上作用分布力和集中力

图 3.10-1(a)所示为一单元边上作用线性变化的分布力 $q(x)$ 和集中力 F 的情形。式(3.10-1)对于集中力时,其形式为

$$\{r_e\} = \{N(\boldsymbol{x}_{bc})\}^T \{F_c\} + \{N(\boldsymbol{x}_{fc})\}^T \{\Phi_c\} \qquad (3.10-4)$$

其中 $\boldsymbol{x}_{bc}$ 和 F_c 分别为集中体力的作用位置和大小,$\boldsymbol{x}_{fc}$ 和 Φ_c 分别为集中面力的作用位置和大小。

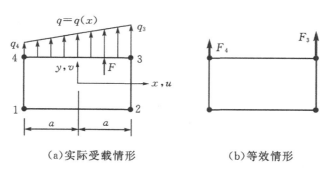

（a）实际受载情形　　　　（b）等效情形

图 3.10-1　线性单元边上载荷的等效

假定考察的是 R4 单元的 $y=b$ 边,此时形函数和线性分布的载荷为

$$\begin{cases} [N] = \dfrac{1}{2a}[a-x \quad a+x] \\[3mm] \{\Phi_c\} = \dfrac{1}{t}[N]\begin{Bmatrix} q_4 \\ q_3 \end{Bmatrix} \end{cases} \tag{3.10-5}$$

同时设作用在离左端 3/4 处的集中力为 F,那么,由式(3.10-1)及式(3.10-4)两式,参考图 3.10-1(b)所示,图 3.10-1(a)中的载荷将等效为

$$\begin{Bmatrix} F_4 \\ F_3 \end{Bmatrix} = \int_{-a}^{a} [N]^{\mathrm{T}}[N]\mathrm{d}x \begin{Bmatrix} q_4 \\ q_3 \end{Bmatrix} + [N(a/2)]^{\mathrm{T}}F = \frac{a}{3}\begin{bmatrix} 2 & 1 \\ 1 & 2 \end{bmatrix}\begin{Bmatrix} q_4 \\ q_3 \end{Bmatrix} + \frac{F}{4}\begin{Bmatrix} 1 \\ 3 \end{Bmatrix} \tag{3.10-6}$$

式(3.10-6)的等效载荷适用于形函数在边上线性变化的所有单元(例如 T3 单元)受图 3.10-1(a)所示载荷的等效结点载荷的计算。

2. 二次单元边上作用分布力

如图 3.10-2(a)所示,二次单元边上作用二次变化的分布力。

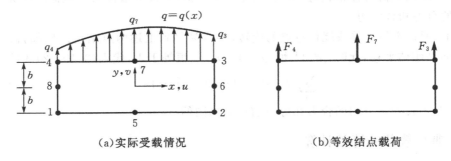

（a）实际受载情况　　　　　　　　　　（b）等效结点载荷

图 3.10-2　二次单元边上受二次变化分布力的等效

假定考察的是 R8 单元的 $y=b$ 边,此时形函数和分布力可表示为

$$\begin{cases} [N] = \dfrac{1}{2a^2}[x(x-a) \quad 2(a^2-x^2) \quad x(x+a)] \\[3mm] \{\Phi\} = \dfrac{1}{t}[N]\begin{Bmatrix} q_4 \\ q_7 \\ q_3 \end{Bmatrix} \end{cases} \tag{3.10-7}$$

由式(3.10-1),参考图 3.10-2(b),图 3.10-2(a)中的载荷将等效为

$$\begin{Bmatrix} F_4 \\ F_7 \\ F_3 \end{Bmatrix} = \int_{-a}^{a} [N]^{\mathrm{T}}[N]\mathrm{d}x \begin{Bmatrix} q_4 \\ q_7 \\ q_3 \end{Bmatrix} = \frac{a}{15}\begin{bmatrix} 4 & 2 & -1 \\ 2 & 16 & 2 \\ -1 & 2 & 4 \end{bmatrix}\begin{Bmatrix} q_4 \\ q_7 \\ q_3 \end{Bmatrix} \tag{3.10-8}$$

如果载荷是均匀分布的,即 $q_4 = q_7 = q_3$,从上式得出,边上总载荷的 1/6 被等效到两个端结点(即结点 4 和 3),2/3 被等效到边中间结点(即结点 7)。

式(3.10-8)适用于形函数在边上二次变化的所有单元(如 T6 单元和 R9 单元)受二次变化分布力的等效载荷的计算。

上述讨论的两种情形并不限于载荷沿边的法向作用的情形,对于沿边的切向作用的载荷也适用,只是等效载荷的方向需要做相应的变化,例如图 3.10-3 所示的情形。

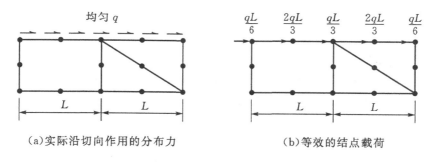

（a）实际沿切向作用的分布力　　　　　（b）等效的结点载荷

图 3.10 - 3　载荷沿切向作用的载荷及其等效

3. 体积力的等效

按照式（3.10-1），也可计算体积分布力的等效结点载荷。以重力为例，由于重力总是垂直向下，因而总重量 W 等效到每个节点的份额与单元的取向无关。若单元的材料和厚度是均匀的、四边形是矩形、边结点在边的中点处，那么各种单元所受重力将等效为如图 3.10 - 4 所示的结点载荷。

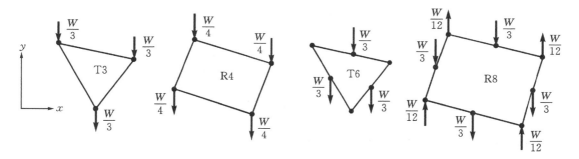

图 3.10 - 4　几种典型单元所受重力的等效结点载荷

图 3.10 - 4 出现了一些令人惊异的结果：T6 单元角结点处等效载荷为零；R8 单元角结点处的等效载荷朝上，但结点载荷的总量仍为 W，且方向向下。

图 3.10 - 4 也可理解为三维块体单元受表面均匀分布力时在该面结点上的等效载荷。

3.10.3　小结

不同的载荷分布，可能会有相同的一致静力等效结点载荷，这样，当其他条件相同时，有限元方法将产生相同的结果。从物理上，不同的载荷应该有不同的结果。但是，根据圣维南原理，静力等效只对离加载较远的区域是等效的，在载荷作用附近区域的区别，利用较粗的网格已不能予以反映，只有增加局部的网格密度，进而获得不同的结点等效载荷，以得出有差异的结果。

结点力矩值出现在具有旋转自由度的单元（如梁单元）中，只有平移自由度的单元，没有结点力矩载荷，但可用一对力偶等效地代替力矩载荷。需要指出的是，虽可在旋转自由度上施加结点力矩，但附近处的有限元结果仍有待商榷。

商用软件已提供了丰富的载荷等效功能，且已模块化，可满足绝大多数科学研究和工程计算的需要。

3.11 应力计算

有限元方法的主要任务是计算场分布,对于结构分析问题,就是计算位移场的分布。但实际问题往往更关注其他导出物理量,例如结构分析问题中的应力分布。实际上,在求解完有限元方程 $[K]\{D\} = \{R\}$ 后,可按下述过程计算应力:

$$\{D\} \quad \Rightarrow \quad \{d\} \quad \Rightarrow \quad \{\varepsilon\} \quad \Rightarrow \quad \{\sigma\} \qquad (3.11-1)$$

关于利用式(3.11-1)的过程计算应力,说明如下:

(1)由于形函数及其应变矩阵只定义在单元上、且只有在其上具有很好的可微性,根据式(3.11-1)计算的应变和应力只是单元意义上的。

(2)由于经过了一次微分,从纯数学角度,应变场(因而应力场)比位移场具有更大的误差。有限元方法计算得到的位移几乎可以达到精确的地步,但应变和应力一般则不然。

(3)应力在单元内部是最精确的,但并不在我们感兴趣的单元边界上或结点处。在6.6.4节将会看到,边界或结点应力可从单元内部外推得到,或采用其他平滑措施,但这些原则上已不属于有限元方法自身所研究的范畴。

(4)在相邻单元的公共结点处应力不同,所以,结点应力一般取其平均。商用软件给出的结点应力都是采用不同方式得到的"平均"值,在此基础上绘制了应力等值线,只是比不连续的应力更好看,并不具有其他更深的寓意。另外,各种"平均"要注意其适用条件。

(5)实际中,还可根据具体需要计算等效应力、局部应力等。

3.12 有限元解的性质

精确解是同时满足问题的平衡方程、协调性条件以及所有应力和位移边界条件的解。做为一种近似的数值解,有限元解具有以下6条性质:

(1)结点处都满足位移协调性,即每个结点只有一个位移。

(2)沿单元间的边界,位移协调性有时满足、有时不满足,满足协调性的单元称为协调元,不满足的单元称为非协调元。

(3)单元内满足位移协调性。

(4)结点处力和力矩满足平衡,这由有限元方程决定。

(5)沿单元边界或横跨单元边界上,应力不满足平衡性,即应力在单元边界上不连续,这是由有限元方法决定的。

(6)单元内部不满足由应力表示的平衡微分方程,但从单元体积平均或积分意义上是满足的,即平衡方程以弱形式(积分或泛函形式)予以满足,这是有限元方法的理论基础。

习题 3

1.题1图为端部受弯矩 M 的悬臂梁,利用材料力学中的梁理论计算点 D、E、F 处的位移分量。以这些值为结点位移,按照 $\{\sigma\} = [E][B]\{d\}$,计算下述单元的单元应力。假定泊松比 ν 为 0,L/c 变大时,τ_{xy}/σ_x 如何变化?

(1)以 A、D、F 为结点的 T3 单元;

(2)以 A、D、C 为结点的 T3 单元。

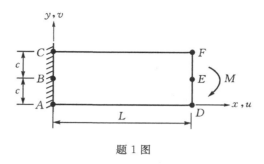

题 1 图

2. 将端部的弯矩 M 换成端部 y 方向的横向力 P，再做题 1。

3.(1)如题 3 图(a)所示，等腰三角形 T3 单元的两个结点固定。令泊松比 $\nu = 0$，确定未约束点处自由度的 2×2 刚度矩阵。

(2)如题 3 图(b)所示，均匀厚度的平面方形域被划成 8 个全等的 T3 单元，y 方向的载荷 P 作用在结点 $x = y = 0$ 处，若泊松比 $\nu = 0$，载荷 P 处的位移是多少？

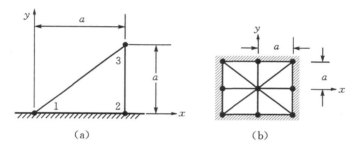

(a)　　　　　　　　　　　(b)

题 3 图

4. 如题 4 图，T3 单元 x 方向的位移场为

$$u = \frac{y}{b}u_1 + \frac{1}{2}\left(1 - \frac{x}{a} - \frac{y}{b}\right)u_2 + \frac{1}{2}\left(1 + \frac{x}{a} - \frac{y}{b}\right)u_3$$

y 方向与之相似。若厚度相同且泊松比 $\nu = 0$，确定结点 1 处的 2×2 刚度矩阵。

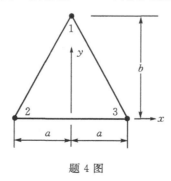

题 4 图

5.(1)对于 T6 单元，以 y 和 b 表示图中结点 3 的形函数。

(2)该单元形函数 N_4 为 $N_4 = 1 - (y/b) - (x/a)^2 + (y/2b)^2$，证明 N_4 在结点 4 处为 1，在其他结点处为零。

（3）假定仅 u_3、v_3、u_4 和 v_4 不为零，试用 x、y、a、b，以及这些非零自由度，表示该单元的应变场。

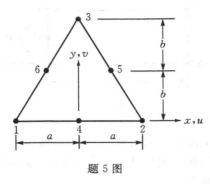

题 5 图

6. 平面单元是各向同性的，且体积力 F_x 和 F_y 为常数。若要满足平衡微分方程，试用 F_x、F_y、杨氏模量 E 和泊松比 ν 表示下式中的 a_4 和 a_8：
$$\begin{cases} u = a_1 + a_2 x + a_3 y + a_4 xy \\ v = a_5 + a_6 x + a_7 y + a_8 xy \end{cases}$$

7. 如题 7 图所示单元，令单元上的位移为线性变化，即 $u = a_1 + a_2 x + a_3 y$，$v = a_4 + a_5 x + a_6 y$。结点位移与该场一致，即
$$u_1 = u(x_1, y_1) = u(-a, -b) = a_1 - a_2 a - a_3 b, \cdots, \text{等}。$$

（1）试证明，当结点自由度为这些值时，下述插值将使单元具有相应的线性位移场。

$$\begin{Bmatrix} u \\ v \end{Bmatrix} = \begin{bmatrix} N_1 & 0 & N_2 & 0 & N_3 & 0 & N_4 & 0 \\ 0 & N_1 & 0 & N_2 & 0 & N_3 & 0 & N_4 \end{bmatrix} \begin{Bmatrix} u_1 \\ v_1 \\ u_2 \\ \vdots \\ v_4 \end{Bmatrix}$$

（2）相似地，证明 $[B]\{d\}$ 给出相应的常应变状态，即
$$\varepsilon_x = a_2，\quad \varepsilon_y = a_6 \quad \text{和} \quad \gamma_{xy} = a_3 + a_5。$$

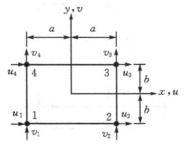

题 7 图

8.（1）如题 8 左图，R4 单元的结点为 A、D、F、C，自由端受弯矩 M 作用。利用材料力学中的梁理论计算点 D、E、F 处的位移分量。以这些值为结点位移，按照 $\{\sigma\} = [E][B]\{d\}$，计算单元应力。为方便，使用右图的坐标系统。

（2）将（1）中的端部弯矩 M 换成端部 y 方向的横向力 P，重做此题。

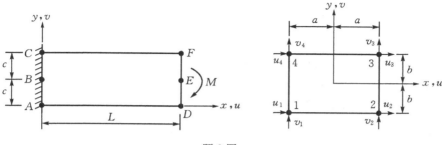

题 8 图

9. 如题 9 图所示，单元 j 是一个连在总结点编号为 $19-30-31-20$ 的结构中的 R4 单元。假定每个结点的自由度为 u 和 v，不使用稀疏矩阵存贮格式，而对结构刚度矩阵以满阵形式存放。试问：单元 j 的单元刚度矩阵对总体刚度矩阵 $[K]$ 中的下列元素在数值上有无贡献？

（1）48 行 39 列；（2）37 行 37 列；（3）59 行 61 列

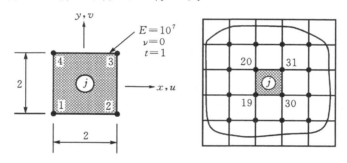

题 9 图

10. 令 x 和 y 轴坐标系统的原点在题 10 图所示 R4 单元的结点 1 处。试写出与该坐标系相对应的单元的形函数。

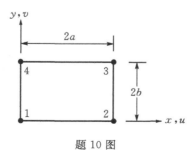

题 10 图

11. 对于具有如下矩阵特性的标准梁单元，证明：当 $\{d\}$ 为下列两种刚体位移模式时，$[B]\{d\}$ 和 $[k]\{d\}$ 均为 0，其中：

$$[B] = \frac{\mathrm{d}^2}{\mathrm{d}x^2}[N] = \left[-\frac{6}{L^2} + \frac{12x}{L^3} \quad -\frac{4}{L} + \frac{6x}{L^2} \quad \frac{6}{L^2} - \frac{12x}{L^3} \quad -\frac{2}{L} + \frac{6x}{L^2} \right]$$

$$[k] = \int_0^L [B]^{\mathrm{T}} EI_z [B] \mathrm{d}x = \frac{EI_z}{L^3} \begin{bmatrix} 12 & 6L & -12 & 6L \\ 6L & 4L^2 & -6L & 2L^2 \\ -12 & -6L & 12 & -6L \\ 6L & 2L^2 & -6L & 4L^2 \end{bmatrix}$$

(1)刚体位移模式一:横向(Lateral)平移;

(2)刚体位移模式二:绕左端微小转动。

12. 如题 12 图所示,对于以端点为结点的梁单元,考察下述横向位移场

$$v = \frac{L-x}{L} v_1 + \frac{x}{2}\left(\frac{L-x}{L}\right)\theta_{z1} + \frac{x}{L} v_2 - \frac{x}{2}\left(\frac{L-x}{L}\right)\theta_{z2}$$

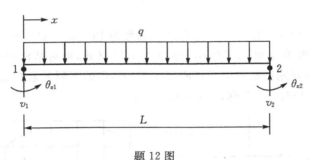

题 12 图

(1)证明:该场能反映题 11 中提及的两种刚体位移模式;

(2)如果给定与常曲率状态协调的结点自由度(参考材料力学纯弯曲解),试问能否获得正确的曲率(广义应变)$v_{,xx}$?

(3)根据给定的位移场,确定 $[k]$。这个 $[k]$ 有哪些缺陷?

13. 如题 13 图示均匀杆元具有 1、2 两个结点,令轴向位移场为如下两种形式:

(a) $u = a_1 + a_2 x^2$;

(b) $u = a_1 x + a_2 x^2$ 。

以结点自由度 u_1 和 u_2 表示每种情形的 u 。然后以 A、E 和 L 确定应变位移矩阵和单元的刚度矩阵。从这些结果中将看到哪些问题?原因何在?

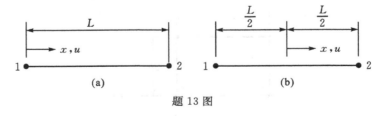

题 13 图

14. (1)题 14 图示为两个单元的杆模型,使用题 13 题(1)得到的单元刚度矩阵,计算 $x =$

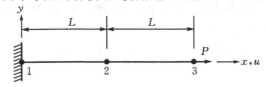

题 14 图

$2L$ 处的轴向位移;利用 $\sigma_x = E[B]\{d\}$,计算 $x=0$ 处的轴向应力。试问:这些结果正确吗?

(2)利用题 13 题(2)得到的刚度矩阵,重做(1)。

15.题 15 图为 C8 单元,共 24 个独立模式,其中有 6 个刚体位移模式、6 个常应变位移模式、12 个非均匀应变位移模式。用图形表示 4 个与 x 方向结点位移有关的非均匀应变位移模式。

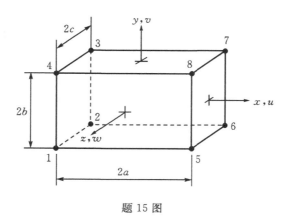

题 15 图

第4章 变分法

本章旨在介绍泛函的积分表达式以及变分方法,这是有限元方法的数学理论基础。通过本章学习,将学会利用瑞利-里兹法(Rayleigh-Ritz),通过对泛函取变分,推导有限元方程。

4.1 引 言

到目前为止,我们已经掌握了两种获取有限元刚度矩阵的途经,即物理通用解释及虚功原理。

物理通用解释虽然适用于任何情形,但实际上仅可用于简单单元和简单问题,难以适用于较复杂的单元类型和较复杂的问题。

虚功原理显然仅适用于力学领域的问题,如结构分析等。对更一般的物理问题或交叉问题,还无法直接运用虚功原理及相应思想。

本章将利用 Rayleigh-Ritz 法,以期系统地生成有限元方程。这个方法需要引入一个泛函,并与一个数学分支——变分法相联系。数学上,泛函是从一个函数集到一个数集的映射,最常见的泛函是包含特定问题控制微分方程的积分表达式。Rayleigh-Ritz 法既适用于由虚功原理支配的结构分析问题,也适用于虚功原理不再适合的其他物理问题。

Rayleigh-Ritz 法是一种求近似解的普遍方法,本章将介绍它的两种形式:一是经典形式,即近似场定义在问题的整个域上,自由度是数学上的广义自由度,一般不具有明确的物理意义。二是有限元形式,即近似场以分片形式定义在有限单元上,自由度具有明确的物理意义,如位移、转角等。

提及有限元方法的数学理论基础,就必须言及物理问题的强形式与弱形式。

强形式(Strong Form)是指以精确满足控制微分方程和所有边界条件为要求的一种形式,所求解必须在求解域的每点满足控制方程、在边界上满足边界条件,换句话说,如果其中之一在任何一点不满足,就不称其为问题的解,由于有如此强的条件,所以数学上将这种形式称为强形式。

相对应地,把在某些方面弱化了的问题的求解形式称为弱形式(Weak Form)。例如,在变分法中,控制方程被包含在泛函的积分表达式中,并通过取变分获得其解,换句话说,控制方程是在平均或积分意义上得到满足,由于与点点满足的微分方程相比在某些方面被弱化,所以,数学上将这种形式称为弱形式。

从术语上看,弱形式比强形式似乎低劣,但两者对问题的表述都是有效的,只是同一个问题的不同求解策略而已。后续章节将阐明,当自由度无穷多时,弱形式等价于强形式。但是,只有弱形式为有限元方法提供了便利的切入点,因而成为有限元方法的数学理论基础。

实际上,物理上的深刻理解促进了有限元方法早期的迅速发展,并受到了结构分析人员的关注;数学理论则使有限元方法具有了坚实的理论基础,并反过来加深了研究者物理上的理解,这方面的典型结果包括数学上对有限元方法解的界限和收敛性等问题的研究,另外,数学研究还获得了一些新的求解策略。

4.2 势能原理

4.2.1 势能原理

在讲解势能原理之前,为严谨起见,先介绍几个与该原理密切相关的概念。

(1)系统:一个系统包含所涉及的物理结构、支撑约束以及在结构上所作用的载荷等描述物理问题时需要的所有信息。

(2)构型:构型是指结构上所有质点的位置及其状态量的集合。在结构分析中,初始构型、参考构型及变形构型是常见的三种构型。

(3)保守系统:如果内力所做的功和外界载荷所做的功都与从初始构型到达变形构型的路径无关,则称该系统为保守系统。在弹性系统中,内力所做的功在数值上等于应变能的改变量。

(4)边界条件:在数学上,边界条件分为本质(主要)边界条件和非本质(自然)边界条件;本质边界条件是针对结点自由度的边界条件,例如对位移、转角的约束等;非本质边界条件是指对应于结点自由度微分的物理量的边界条件,例如对应力、弯矩的约束等。

(5)容许位移和容许构型:容许位移是指满足内部协调性和本质边界条件的任意位移,能够产生容许位移的构型称为容许构型。

(6)势能:由于在简单情形时只与位置有关,势能有时也形象地称为位能。在保守系统中,势能可用它的初始和最终构型予以表示,无需考虑变形历史或系统从初始到最终构型所经历的路径。弹性系统的势能包括弹性变形的应变能和外载荷做功所具有的势能两部分。

掌握了以上 6 个概念,势能原理就可表述为:在一个保守系统的所有容许构型中,满足平衡方程的构型使得系统的总势能对容许位移的变分取驻值。

关于势能原理,说明如下:

①由于没提及本构关系,因而该原理对所有材料都适用;

②容许位移是个很小的位移,因而取变分时,载荷和内应力都保持不变;

③由于取驻值时平衡状态是稳定的,可以证明该驻值实际上是最小值,因而势能原理常常称为最小势能原理。

4.2.2 势能原理应用实例

考察图 4.2−1 所示的一个弹簧组成的系统,总势能为

$$\Pi_p = U + \Omega \tag{4.2−1}$$

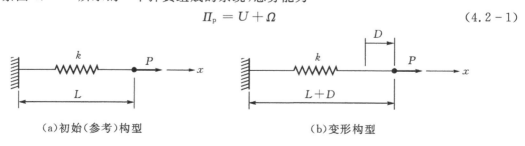

(a)初始(参考)构型   (b)变形构型

图 4.2−1 一个弹簧组成的弹性系统

其中，系统应变能 $U = \dfrac{1}{2}kD^2$ ，载荷做功"势能" $\Omega = -PD$ ，由于做正功损失势能，因而为负。

这样，我们有

$$\Pi_{\mathrm{p}} = \frac{1}{2}kD^2 - PD \tag{4.2-2}$$

总势能泛函对位移 D 取变分驻值，得

$$\mathrm{d}\Pi_{\mathrm{p}} = (kD_{\mathrm{eq}} - P)\mathrm{d}D = 0 \tag{4.2-3}$$

最后得到

$$D_{\mathrm{eq}} = P/k \tag{4.2-4}$$

这个问题很简单，我们亦可通过能量守恒（或静力平衡）建立

$$\frac{1}{2}PD_{\mathrm{eq}} = \frac{1}{2}kD_{\mathrm{eq}}^2 \tag{4.2-5}$$

进而得到与（4.2-4）式完全相同的结果。

但是，能量守恒或静力平衡能获得的方程个数是限定的，对于更多的自由度或更一般的情形，只有借助势能原理才能获得相应个数的方程，4.3 节的多自由度问题将领略到势能原理的普适性和处理步骤上的一致性。

4.3　多自由度问题

如 4.2.2 节所述，对于单自由度问题，可采用的求解方法较多，例如上节提到的势能原理、能量守恒或静力平衡。典型的有限元离散常常涉及成百上千万个自由度，本节将展示势能原理在多自由度问题应用中的独特作用。

假定势能是关于多个自由度的泛函，即

$$\Pi_{\mathrm{p}} = \Pi_{\mathrm{p}}(D_1, D_2, \cdots, D_n) \tag{4.3-1}$$

那么，势能泛函取驻值就变成

$$\mathrm{d}\Pi_{\mathrm{p}} = \frac{\partial \Pi_{\mathrm{p}}}{\partial D_1}\mathrm{d}D_1 + \frac{\partial \Pi_{\mathrm{p}}}{\partial D_2}\mathrm{d}D_2 + \cdots + \frac{\partial \Pi_{\mathrm{p}}}{\partial D_n}\mathrm{d}D_n = 0 \tag{4.3-2}$$

考虑到 n 个自由度的相互独立性，上式实际表示的是 n 个方程，用矩阵表示为

$$\frac{\partial \Pi_{\mathrm{p}}}{\partial \{D\}} = \{0\} \tag{4.3-3}$$

式（4.3-3）中的 n 个方程经求解，可得到 n 个自由度值，在数学上是封闭的。

例如，对图 4.3-1 所示的三自由度弹簧系统，总势能可表示为

$$\Pi_{\mathrm{p}} = \frac{1}{2}k_1 D_1^2 + \frac{1}{2}k_2(D_2 - D_1)^2 + \frac{1}{2}k_3(D_3 - D_2)^2 - P_1 D_1 - P_2 D_2 - P_3 D_3 \tag{4.3-4}$$

对 3 个自由度分别变分，得到

$$\begin{aligned}
k_1 D_1 - k_2(D_2 - D_1) - P_1 &= 0 \\
k_2(D_2 - D_1) - k_3(D_3 - D_2) - P_2 &= 0 \\
k_3(D_3 - D_2) - P_3 &= 0
\end{aligned} \tag{4.3-5}$$

上式按自由度次序重新整理，得到矩阵形式为

$$\begin{bmatrix} k_1 + k_2 & -k_2 & 0 \\ -k_2 & k_2 + k_3 & -k_3 \\ 0 & -k_3 & k_3 \end{bmatrix} \begin{Bmatrix} D_1 \\ D_2 \\ D_3 \end{Bmatrix} = \begin{Bmatrix} P_1 \\ P_2 \\ P_3 \end{Bmatrix} \qquad (4.3-6)$$

这实际就是已经熟悉的式(3.3-8)所示的有限元方程形式。

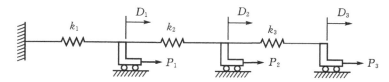

图 4.3-1　三个弹簧组成的三自由度弹性系统

关于弹簧系统的势能原理,有以下 4 点需要说明:

(1)在载荷与位移具有线性关系的系统中,刚度矩阵具有对称性。这是由于 $K_{ij} = \partial^2 \Pi_p / \partial D_i \partial D_j = \partial^2 \Pi_p / \partial D_j \partial D_i = K_{ji}$,也与第 3 章刚度矩阵表现出来的特性一致。

(2)关于位移(转角)自由度 D_i , $\partial \Pi_p / \partial D_i = 0$ 表示该结点处的力(矩)平衡。这些力(矩)包括外力(矩)和内力(矩),也包括体积力和热载荷。

(3)取驻值的变分法对于静不定问题并不改变计算步骤,也不增加问题的难度。例如,在我们刚讨论的问题中,在右端与自由度 D_3 之间增加一个右端固定(表明不增加自由度)、刚度系数为 k_4 的弹簧,势能将增加 $k_4 D_3^2 / 2$,刚度系数中的主元 k_3 也将只变成 $k_3 + k_4$,并不直接影响其他自由度。

(4)如果线弹性结构的势能中的变形能为零,并且自由度也全部为零,那么,说明该结构没有运动;如果自由度不全为零,则说明结构具有刚体运动。如果结构排除了这两种状态,那么对任何非零的自由度,变形能必为正,这表明 $[K]$ 是正定的,并反映着系统变形能不能为负的深刻的物理本质。

4.4　弹性体的势能

对于弹性体,系统的总势能由应变能和外力功的势(简称为外力势)两部分组成,根据势能原理可形成有限元方程。本节中将给出势能的计算公式及由势能原理推导得到的有限元方程;同时,通过简单的实例分析,证实其正确性。对于本节涉及公式的更详细推导过程,有兴趣的读者可参考相关文献。

4.4.1　弹性体势能的一般表达式

材料单位体积的变形能为

$$U_0 = \int \{\sigma\}^T \{d\varepsilon\} = \int \sigma_x d\varepsilon_x + \int \sigma_y d\varepsilon_y + \int \sigma_z d\varepsilon_z + \int \tau_{xy} d\gamma_{xy} + \int \tau_{yz} d\gamma_{yz} + \int \tau_{zx} d\gamma_{zx}$$

$$(4.4-1)$$

上式又称为单位体积的应变能或应变能密度。对于弹性材料,这部分能量贮存在材料中,当撤去外力后,它将以做功的形式恢复。

将本构关系式(3.1-2c)代入式(4.4-1),得到

$$U_0 = \frac{1}{2}\{\varepsilon\}^T[E]\{\varepsilon\} - \{\varepsilon\}^T[E]\{\varepsilon_0\} + \{\varepsilon\}^T\{\sigma_0\} \qquad (4.4-2)$$

这样,系统的应变能为

$$U = \int U_0 dV = \int\left(\frac{1}{2}\{\varepsilon\}^T[E]\{\varepsilon\} - \{\varepsilon\}^T[E]\{\varepsilon_0\} + \{\varepsilon\}^T\{\sigma_0\}\right)dV \qquad (4.4-3)$$

再考虑到外力功的势,系统的总势能表示为

$$\Pi_p = \int\left(\frac{1}{2}\{\varepsilon\}^T[E]\{\varepsilon\} - \{\varepsilon\}^T[E]\{\varepsilon_0\} + \{\varepsilon\}^T\{\sigma_0\}\right)dV - \int\{u\}^T\{F\}dV - \int\{u\}^T\{\Phi\}dS - \{D\}^T\{P\}$$

$$(4.4-4)$$

式中后面三项分别对应于体积力、面力及集中力做功的势。需要注意的是,给定位移处的支撑反力部分不做功,因而不予考虑。

实际中,某些情况下力做功部分可以为零,例如当给定非零的位移约束时,该问题所有的力做功都为零。

式(4.4-4)的总势能表达式不局限于直角坐标系。

4.4.2 势能原理在几种简单情形中的应用

1. 单轴应力问题

一般的三维情形,应变有 6 个独立分量,弹性矩阵为 6×6;对于平面问题,应变有 3 个独立分量,弹性矩阵为 3×3。

对于单轴应力问题,本构关系为

$$\sigma_x = E\varepsilon_x - E\varepsilon_{x0} + \sigma_{x0} \qquad (4.4-5)$$

应变能密度为

$$U_0 = E\varepsilon_x^2/2 - \varepsilon_x E\varepsilon_{x0} + \varepsilon_x\sigma_{x0} \qquad (4.4-6)$$

总势能为

$$\Pi_p = \int_0^L\left(\frac{1}{2}E\varepsilon_x^2 - \varepsilon_x E\varepsilon_{x0} + \varepsilon_x\sigma_{x0}\right)A dx - \int_0^L uF_x A dx - \{D\}^T\{P\} \qquad (4.4-7)$$

考察如图 4.4-1 所示的端部受力 P、并均匀从 0 度加热到温度 T 的杆的拉压问题,此时,我们有

$$\begin{cases} \varepsilon_{x0} = 0 \\ \sigma_{x0} = -E\alpha T \\ \varepsilon_x = D/L \end{cases} \qquad (4.4-8)$$

其中,D 为端部位移。

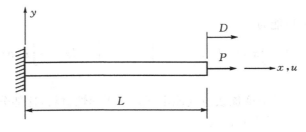

图 4.4-1　杆的拉压问题及势能原理

由式(4.4 - 7)，相应的总势能为

$$\Pi_p = \int_0^L \left[\frac{1}{2} E \left(\frac{D}{L} \right)^2 + \frac{D}{L} (-E\alpha T) \right] A \mathrm{d}x - DP$$

$$= \frac{EAD^2}{2L} - DEA\alpha T - DP \tag{4.4 - 9}$$

对端部位移 D（自由度）施行变分，得

$$\mathrm{d}\Pi_p / \mathrm{d}D = 0 \quad \Rightarrow \quad D = \frac{PL}{AE} + \alpha TL \tag{4.4 - 10}$$

进而得轴向应力为

$$\sigma_x = E\varepsilon_x + \sigma_{x0} = E \left(\frac{P}{AE} + \alpha T \right) + (-E\alpha T) = \frac{P}{A} \tag{4.4 - 11}$$

显然是一个正确的结果。

2. 梁的弯曲

在欧拉-伯努利（Euler-Bernoulli）梁理论中，仅 σ_x 应力分量不为零。根据直法线假设，有

$$\begin{cases} u = -yv_{,x} \\ \varepsilon_x = u_{,x} = -yv_{,xx} \\ \sigma_x = -Eyv_{,xx} \end{cases} \tag{4.4 - 12}$$

应变能为

$$\iiint \frac{1}{2} \sigma_x \varepsilon_x \mathrm{d}V = \iiint \frac{1}{2} E \varepsilon_x^2 \mathrm{d}V = \iint \frac{1}{2} E (-yv_{,xx})^2 b \mathrm{d}y \mathrm{d}x = \int \frac{1}{2} EI_z v_{,xx}^2 \mathrm{d}x \tag{4.4 - 13}$$

其中 b 为梁的宽度。

总势能则为

$$\Pi_p = \int_0^L \frac{1}{2} EI_z v_{,xx}^2 \mathrm{d}x - \int_0^L vq \mathrm{d}x - \{v\}^\mathrm{T}\{F\} - \{\theta\}^\mathrm{T}\{M\} \tag{4.4 - 14}$$

其中，$I_z = \int by^2 \mathrm{d}y$ 为梁截面的 z-轴惯性矩。上式中的后三项分别对应于横向分布载荷、横向集中力及集中力偶对应的外力势。

在铁木辛柯（Timoshenko）梁理论中，仅 σ_x 和 τ_{xy} 应力分量不为零。根据平截面假设，有

$$\begin{cases} u = y\phi \\ \varepsilon_x = u_{,x} = y\phi_{,x} \\ \sigma_x = E\varepsilon_x = Ey\phi_{,x} \end{cases} \tag{4.4 - 15}$$

和

$$\begin{cases} \gamma_{xy} = \partial u / \partial y + \partial v / \partial x = \phi + v_{,x} \\ \tau_{xy} = \kappa G (\phi + v_{,x}) \end{cases} \tag{4.4 - 16}$$

其中，κ 为剪切修正系数，对矩形截面梁常取 5/6。

此时，应变能为

$$\iiint \frac{1}{2} [\sigma_x \varepsilon_x + \tau_{xy} \gamma_{xy}] \mathrm{d}V = \iint \frac{1}{2} [E (y\phi_{,x})^2 + \kappa G (\phi + v_{,x})^2] b \mathrm{d}y \mathrm{d}x$$

$$= \int \frac{1}{2} [EI_z \phi_{,x}^2 + \kappa GA (\phi + v_{,x})^2] \mathrm{d}x \tag{4.4 - 17}$$

其中，A 为梁截面的面积。

总势能则为

$$\Pi_p = \int \frac{1}{2} \big[EI\phi_{,x}^2 + \kappa GA\ (\phi + v_{,x})^2 \big] dx - \int_0^L vq\,dx - \{v\}^T\{F\} - \{\theta\}^T\{M\} \quad (4.4-18)$$

相似地,在薄板弯曲问题中,若板的挠度为 $w = w(x,y)$,则可用 $w_{,xx}$、$w_{,yy}$ 和 $w_{,xy}$ 表示应变能,进而获得总势能的表达式。

4.5　Rayleigh-Ritz 法

4.5.1　概述

桁架或刚架结构是有限个自由度问题,其自由度就是铰接点(自然结点)处的位移。连续介质是无限个自由度的问题,其自由度是质点的位移。

连续体位移由微分方程控制,除简单问题外,几乎没有希望得到能满足微分方程和边界条件的封闭解。

本章的思路是通过对泛函的 Rayleigh-Ritz 法,回避直接求解微分方程,即用求解有限个自由度的代数方程组代替求解微分方程。

Rayleigh-Ritz 法是一种求近似解的数值方法,其解很少是精确的,但可通过增加自由度的数目提高精度,使之更加精确。

Rayleigh-Ritz 法首先由 Rayleigh 于 19 世纪 70 年代通过采用含一个自由度的近似场研究振动问题而提出,1900 年变分问题成为 Hilbert 提出的世纪 23 个重大数学问题之一。1909 年,Ritz 将该法推广到多个函数的近似场问题,其中每个函数都满足本质边界条件,且具有一个独立的自由度,进而用于求解静力平衡问题和特征值问题。

4.5.2　Rayleigh-Ritz 法的实施步骤

Rayleigh-Ritz 法实际是一种可实施的步骤,它通过含有近似场的泛函取驻值,以求得问题的解。泛函可以是 4.2 至 4.4 节中讲过的总势能,也可以是动力学中的 Rayleigh 商(Quotient)或其他形式。经典形式的 Rayleigh-Ritz 法是在整个域上对物理量进行近似描述,因而一般只适用较简单或较规则的问题;有限元形式的 Rayleigh-Ritz 法则采用有限元的分片插值形式对物理量进行近似描述,因而成为有限元方法的数学理论基础。

Rayleigh-Ritz 法包含以下 5 个步骤:

Step 1,选取容许近似场,要求满足协调性和本质边界条件(若再满足自然边界条件,精度会更高)。

Step 2,以容许近似场做为基函数,构造整个场的位移插值,例如

$$\begin{cases} u = \displaystyle\sum_{i=1}^{l} a_i f_i \\[2mm] v = \displaystyle\sum_{i=l+1}^{m} a_i f_i \\[2mm] w = \displaystyle\sum_{i=m+1}^{n} a_i f_i \end{cases} \quad (4.5-1)$$

其中，a_i 为广义自由度，f_i 为定义在整个求解域上的插值基函数。

Step 3，将含广义自由度的近似插值代入泛函（例如总势能）表达式，并对泛函关于广义自由度取驻值，即

$$\frac{\partial \Pi_p}{\partial a_i} = 0 \tag{4.5-2}$$

Step 4，得到关于广义自由度的代数方程组

$$[K]\{D\} = \{R\} \tag{4.5-3}$$

并加以求解。

Step 5，确定位移场、应变场、应力场等。

在上述 5 个步骤中，Step 1 和 Step 3 是 Rayleigh-Ritz 法的核心，如果 Step 3 采用加权残值法，就成为第 5 章将要讨论的方法。

4.5.3　Rayleigh-Ritz 法在轴向受载杆拉压问题中的应用

对于图 4.5-1 表示的杆，根据式（4.4-7），总势能可表示为

$$\Pi_p = \int_0^{L_T} \frac{1}{2} E u_{,x}^2 A \, \mathrm{d}x - \int_0^{L_T} ucx \, \mathrm{d}x \tag{4.5-4}$$

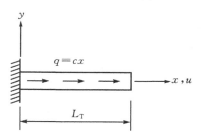

图 4.5-1　杆的拉压及 Rayleigh-Ritz 法

选取插值为

$$u = \sum_{i=1}^n a_i f_i = a_1 x + a_2 x^2 + a_3 x^3 + \cdots + a_n x^n \tag{4.5-5}$$

式中不含 $u = a_0$ 是由于该项不满足左端位移为零的本质边界条件，因而不是容许位移。

对于最简单的近似，即

$$u = a_1 x \tag{4.5-6}$$

将式（4.5-6）代入式（4.5-4），可得

$$\Pi_p = \frac{AEL_T}{2} a_1^2 - \frac{cL_T^3}{3} a_1 \tag{4.5-7}$$

对于式（4.5-7）中的 a_1 取变分，即

$$\frac{\mathrm{d}\Pi_p}{\mathrm{d}a_1} = 0 \tag{4.5-8}$$

由式（4.5-8）可解得

$$a_1 = \frac{cL_T^2}{3AE} \tag{4.5-9}$$

最后得到

$$
\begin{cases}
u = \dfrac{cL_T^2}{3AE}x \\[3mm]
\sigma_x = Eu_{,x} = \dfrac{cL_T^2}{3A}
\end{cases}
\tag{4.5-10}
$$

若取两项做近似,即

$$
u = a_1 x + a_2 x^2 \tag{4.5-11}
$$

将式(4.5-11)代入式(4.5-4),并分别对 a_1 和 a_2 取变分,即

$$
\begin{cases}
\partial \Pi_p / \partial a_1 = 0 \\[2mm]
\partial \Pi_p / \partial a_2 = 0
\end{cases}
\tag{4.5-12}
$$

由式(4.5-12)可解得

$$
\begin{Bmatrix} a_1 \\ a_2 \end{Bmatrix} = \frac{cL_T}{12AE} \begin{Bmatrix} 7L_T \\ -3 \end{Bmatrix}
\tag{4.5-13}
$$

最后得到

$$
\begin{cases}
u = \dfrac{cL_T}{12AE}(7L_T x - 3x^2) \\[3mm]
\sigma_x = Eu_{,x} = \dfrac{cL_T}{12A}(7L_T - 6x)
\end{cases}
\tag{4.5-14}
$$

图 4.5-2 所示为取一项和两项时位移和应力的计算结果与精确解的比较。由于该问题的结构和受载都较简单,取三项做近似就可得到该问题的精确解。

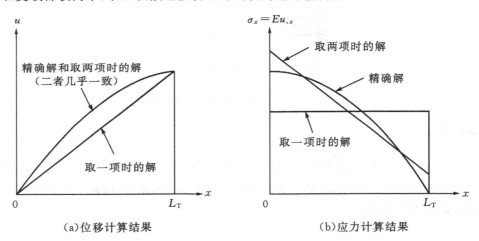

(a)位移计算结果　　　　　　　　　(b)应力计算结果

图 4.5-2　Rayleigh-Ritz 法计算结果比较

4.6　强形式与弱形式

势能原理是众多数学物理原理中的一个,也是变分法的典型应用,其核心就是构造泛函,总势能就是一种泛函。

本节有两个目的,一是不加证明地给出从泛函推导出控制微分方程的步骤;二是以轴向受载杆为例,通过变分微分法表明,泛函的驻值问题包含了控制微分方程和非本质边界条件。

4.6.1　泛函变分微分法的基本理论

泛函 $\Pi_{\mathrm{p}} = \Pi_{\mathrm{p}}(u, \varepsilon = \partial u/\partial x)$ 是函数 u 的函数,不是与 u 在某点的特性有关,而是与 u 在某个域上的积分有关。用数学术语,就是一种从函数(位移场)到数(势能)的对应。

泛函驻值问题 $\mathrm{d}\Pi_{\mathrm{p}} = 0$,可从两方面施行:一方面,通过对自由度变分,应用于有限多个自由度的问题,再加上位移的容许性要求,实现对问题的有效数值求解;另一方面,通过变分微分法,导出平衡微分方程及非本质边界条件。

4.6.2　边界条件

数学上,两类边界条件有待处理,即本质边界条件和非本质边界条件。尽管字面上有区别,但两类边界条件同等重要,只是在处理方式上有所不同,本质边界条件通过限定解为容许解而得以处理,非本质边界条件则隐含在泛函的驻值中。

以仅有一个场变量的问题为例,两类边界条件的区别原则阐述如下:若控制微分方程中微分的最高阶次为 $2m$,相应地,泛函中出现的最高阶次微分将为 m,这样,对直到 $m-1$ 次导数的边界条件(0 次是场变量本身)称为本质边界条件,而对 m 次到 $2m-1$ 次导数的边界条件就称为非本质边界条件。

对于已经研究过的杆的拉压、梁的弯曲以及二维热传导问题,边界条件分类如表 4.6-1 所示。

表 4.6-1　几种典型问题的边界条件的分类

问题	杆的拉压	梁的弯曲	二维热传导
微分方程	$EAu_{,xx} - q = 0$	$EIv_{,xxxx} - q = 0$	$k\nabla^2 T + Q - cp\dot{T} = 0$
$2m, m-1, 2m-1$	2,0,1	4,1,3	2,0,1
本质边界条件	仅对于 u	对于 v 和 $v_{,x}$	对于 T
非本质边界条件	对于 $\sigma_x = Eu_{,x}$	对于 $M = EIv_{,xx}$ 和 $V = EIv_{,xxx}$	对于热流 $f_B = k(T_{,x}l + T_{,y}m)$

该原则同样适用于多于一个场变量的问题。例如平面弹性问题,微分方程与 u 和 v 的二阶微分($m=1$)相关,泛函与 u 和 v 的一阶微分有关。本质边界条件是对 u 和/或 v 本身的约束,非本质边界条件是对 u 和/或 v 一阶微分的约束,可以是单独的或其组合(例如应变、应力)。

4.6.3　弱形式与强形式

关于二维位移场问题的泛函一般表示形式为

$$\Pi = \iint F(x, y; u, v, u_{,x}, u_{,y}, v_{,x}, v_{,y}, \cdots, v_{,yy}) \mathrm{d}x\mathrm{d}y \tag{4.6-1}$$

上式是一个积分形式,而且比相应微分控制方程的微分阶次低,因而数学上将式(4.6-1)的泛函形式称为该问题的弱形式。

由变分微分法,式(4.6-1)得到关于两个场量 u 和 v 的欧拉方程为

$$\begin{cases} \dfrac{\partial F}{\partial u} - \dfrac{\partial}{\partial x}\dfrac{\partial F}{\partial u_{,x}} - \dfrac{\partial}{\partial y}\dfrac{\partial F}{\partial u_{,y}} + \dfrac{\partial^2}{\partial x^2}\dfrac{\partial F}{\partial u_{,xx}} + \dfrac{\partial^2}{\partial x \partial y}\dfrac{\partial F}{\partial u_{,xy}} + \dfrac{\partial^2}{\partial y^2}\dfrac{\partial F}{\partial u_{,yy}} = 0 \\[3mm] \dfrac{\partial F}{\partial v} - \dfrac{\partial}{\partial x}\dfrac{\partial F}{\partial v_{,x}} - \dfrac{\partial}{\partial y}\dfrac{\partial F}{\partial v_{,y}} + \dfrac{\partial^2}{\partial x^2}\dfrac{\partial F}{\partial v_{,xx}} + \dfrac{\partial^2}{\partial x \partial y}\dfrac{\partial F}{\partial v_{,xy}} + \dfrac{\partial^2}{\partial y^2}\dfrac{\partial F}{\partial v_{,yy}} = 0 \end{cases} \quad (4.6-2)$$

与式(4.6-1)相比,上式成为了一个微分方程,而且最高微分阶次变成了原来的两倍,因而数学上将式(4.6-2)的微分形式称为该问题的强形式。

可以看出,在数学上,强弱两种形式是一个问题的两种不同表现形式。

以轴向受力杆为例,其总势能泛函为

$$\Pi_p = \int_0^{L_T} \frac{1}{2}Eu_{,x}^2 A\,\mathrm{d}x - \int_0^{L_T} ucx\,\mathrm{d}x \quad (4.6-3)$$

于是,对应于式(4.6-1)泛函的核函数为

$$F = \frac{1}{2}AEu_{,x}^2 - ucx \quad (4.6-4)$$

这样,我们有

$$\begin{cases} \dfrac{\mathrm{d}}{\mathrm{d}x}\dfrac{\partial F}{\partial u_{,x}} = \dfrac{\mathrm{d}}{\mathrm{d}x}(AEu_{,x}) = AEu_{,xx} \\[3mm] \dfrac{\partial F}{\partial u} = -cx \end{cases} \quad (4.6-5)$$

将上式代入式(4.6-2)可得

$$AEu_{,xx} + cx = 0 \quad \Rightarrow \quad \sigma_{x,x} + \frac{cx}{A} = 0 \quad (4.6-6)$$

上式即该问题的微分控制方程。

需要说明的是,泛函变分问题一定对应一个微分控制方程;但控制微分方程未必一定能对应一个很好定义的泛函,这涉及到更一般的变分原理的推导问题,此时可直接从式(4.6-2)的微分方程出发,采用第 5 章将讲到的加权残值法对问题进行数值求解;另外,泛函通过变分微分法还将导出问题的自然边界条件,这一点将通过下小节的例子得以展示。

4.6.4 变分法在杆的拉压问题中的应用

考察图 4.6-1 所示的杆的拉压问题。

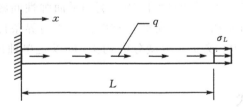

图 4.6-1 杆的拉压问题及变分法

该问题的总势能泛函为

$$\Pi_p = \frac{AE}{2}\int_0^L u_{,x}^2\,\mathrm{d}x - \int_0^L qu\,\mathrm{d}x - (A\sigma_L)u_L \quad (4.6-7)$$

对位移施行变分 $\delta\Pi_p = 0$,得到

$$\delta \Pi_{\mathrm{p}} = AE \int_0^L u_{,x} \delta u_{,x} \, \mathrm{d}x - \int_0^L q \delta u \, \mathrm{d}x - (A\sigma_L) \delta u_L = 0 \qquad (4.6-8)$$

需要注意,变分时域内位移和边界位移是单独变分的。

运用分部积分,得到

$$\begin{cases} -AE \int_0^L u_{,xx} \delta u \, \mathrm{d}x + [AE u_{,x} \delta u]_0^L - \int_0^L q \delta u \, \mathrm{d}x - (A\sigma_L) \delta u_L = 0 \\ -\int_0^L (AE u_{,xx} + q) \delta u \, \mathrm{d}x + A[E(u_{,x})_L - \sigma_L] \delta u_L = 0 \end{cases} \qquad (4.6-9)$$

上式中已应用本质边界条件 $x=0$ 时 $\delta u = 0$。

考虑到 δu 在域内的任意性,得到

$$AE u_{,xx} + q = 0 \quad (0 < x < L) \qquad (4.6-10)$$

此即控制微分方程。

通过 δu 右端边界上的任意性,得到

$$E u_{,x} - \sigma_L = 0 \quad (x = L) \qquad (4.6-11)$$

此即非本质边界条件。

本质边界条件已强迫使得场变量具有容许性得到满足,并在上述推导过程中得到了应用(在左边界处);自然边界条件则隐含在泛函中,通过泛函的驻值得以体现。

4.7 Rayleigh-Ritz 法的有限元形式

经典 Rayleigh-Ritz 法的特征是,将整个结构看成一个区域,采用整体域上的试函数以及广义自由度,进而加以求解,最终得到整体域上的整体近似解。

有限元方法的特点是首先将求解域划分成子区域,然后在每个区域上独立插值;采用结点自由度代替广义自由度,更便于程序编制及实际中的应用。

例如,在图 4.7-1(a)所示的杆元中,位移场用广义坐标在单元内插值;而在图 4.7-1(b)所示的单元中,位移用结点自由度插值。两者在单元内部其数学上是等价的,但从整体结构角度,其差别是明显的。

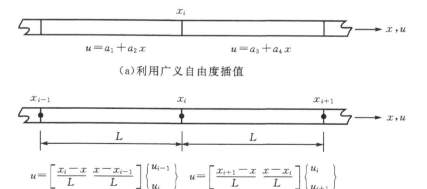

(a)利用广义自由度插值

(b)利用结点自由度插值

图 4.7-1 杆元的两种不同插值

采用广义自由度插值具有如下 4 方面不足：

(1)广义自由度本身无直接的物理意义，例如，a_1 和 a_3 的量纲为长度，而 a_2 和 a_4 则无量纲，因而它们不具有一致性。

(2)更严重的是，在保证单元间协调和施加本质边界条件时，广义自由度显得很笨拙。

(3)结点处的位移连续反而需要额外的特殊处理。

(4)本质边界条件将带来更多的约束方程，在程序的实现上增加了难度。

而采用结点自由度，上述不足可简单地予以解决。例如，结点处的位移连续，通过采用相同的结点自由度可得到自动满足；本质边界条件则直接施加在结点自由度上即可。

Rayleigh-Ritz 法结合有限元的插值思想，就是将用广义自由度表示的势能泛函代之以结点自由度表示的形式，变分针对结点自由度施行，以取代对广义自由度的变分。

这样，对于结构分析问题，由式(4.4-4)的总势能泛函，经单元上的有限元插值、计算单元上的势能，再经所有单元势能的相加，最终得到用结点自由度表示的总体势能泛函，即

$$\Pi_p = \sum_{i=1}^{N_{els}} \int \left(\frac{1}{2} \{\varepsilon\}^T [E] \{\varepsilon\} - \{\varepsilon\}^T [E] \{\varepsilon_0\} + \{\varepsilon\}^T \{\sigma_0\} \right) dV -$$

$$\sum_{i=1}^{N_{els}} \int \{u\}^T \{F\} dV - \sum_{i=1}^{N_{els}} \int \{u\}^T \{\Phi\} dS - \{D\}^T \{P\} \qquad (4.7-1)$$

其中，位移插值为

$$\{u\} = [N] \{d\}_i \qquad (4.7-2)$$

进而得到应变插值为

$$\{\varepsilon\} = [B] \{d\}_i \qquad (4.7-3)$$

于是，式(4.7-1)经整理可重写成

$$\Pi_p = \frac{1}{2} \sum_{i=1}^{N_{els}} \{d\}_i^T [k]_i \{d\}_i - \sum_{i=1}^{N_{els}} \{d\}_i^T \{r_e\}_i - \{D\}^T \{P\} \qquad (4.7-4)$$

其中

$$\begin{cases} [k]_i = \int [B]^T [E] [B] dV \\ \{r_e\}_i = \int [B]^T [E] \{\varepsilon_0\} dV - \int [B]^T \{\sigma_0\} dV + \int [N]^T [F] dV + \iint [N]^T \{\Phi\} dS \end{cases} \qquad (4.7-5)$$

此即式(3.3-7)已命名的 i 单元的刚度矩阵和 i 单元上的结点等效载荷。

由于变分将对总体结点自由度施行，为此，将结点自由度扩充为总体自由度，即引入单元自由度与总体自由度间的关系

$$\{d\}_i = [L]_i \{D\} \qquad (4.7-6)$$

其中，$[L]_i$ 称为单元 i 的装配矩阵，也可形象地理解为单元结点自由度从总体自由度中的挑选矩阵。

于是，式(4.7-4)的总势能用总体自由度表示为

$$\Pi_p = \frac{1}{2} \{D\}^T \left(\sum_{i=1}^{N_{els}} [L]_i^T [k]_i [L]_i \right) \{D\} - \{D\}^T \left(\sum_{i=1}^{N_{els}} [L]_i^T \{r_e\}_i \right) - \{D\}^T \{P\} \qquad (4.7-7)$$

或记为

$$\Pi_\mathrm{p} = \frac{1}{2}\{D\}^\mathrm{T}[K]\{D\} - \{D\}^\mathrm{T}\{r_\mathrm{e}\} - \{D\}^\mathrm{T}\{P\} \tag{4.7-8}$$

其中，$[K]$ 和 $\{r_\mathrm{e}\}$ 分别称为结构的总体刚度矩阵和等效结点载荷，与单元刚度矩阵和等效载荷的关系为

$$\begin{cases} [K] = \sum_{i=1}^{N_\mathrm{els}} [L]_i^\mathrm{T} [k]_i [L]_i \\ \{r_\mathrm{e}\} = \sum_{i=1}^{N_\mathrm{els}} [L]_i^\mathrm{T} \{r_\mathrm{e}\}_i \end{cases} \tag{4.7-9}$$

上式的含义实际就是单元刚度矩阵和等效载荷的组装，或者说上式就是 2.5 节单元组装和 2.9 节载荷等效的数学表达形式。

图 4.7 - 2(a)为台形杆拉伸问题的数学模型，有限元网格如图 4.7 - 2(b)所示。例如，对于第二个单元，由于关联着总体的 2、3 两个结点，所以装配矩阵为

$$[L]_2 = \begin{bmatrix} 0 & 1 & 0 & 0 \\ 0 & 0 & 1 & 0 \end{bmatrix} \tag{4.7-10}$$

是一个 2×4 的矩阵，也是一个稀疏矩阵，而且，随着总结点数的增加，稀疏性更强。

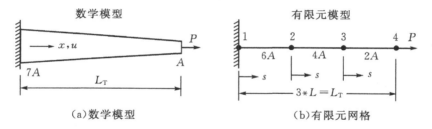

图 4.7 - 2 台形杆的拉伸及有限元求解

在计算机实现时，从单元刚度（载荷）到总体刚度（载荷）并不需要进行形如(4.7 - 9)式所表示的含有大量零乘零和零加零运算（实际是全等变换）、然后再相加，代之的是将单元的刚度（载荷）直接叠加到总体刚度（载荷）的相应位置处。

可以看出，Rayleigh-Ritz 有限元公式主要由物理问题和基于形函数的结点插值构成。要得到单元矩阵，必须注意单元形状、自由度数目、单元上的自由度分布以及形函数矩阵等细节。这些选项将影响计算效率和结果的计算精度。另外，将域离散成有限单元，是对空间离散，而非时间离散。对于同时涉及空间和时间的微分方程，有限元方法只是在空间上进行了离散、在时间上仍然是连续的。因此，利用有限元方法，实际是将空间和时间上的偏微分方程转变成了关于时间的常微分方程加以处理，因而有时称为半离散。至于时间变量，将采用增量方法等予以解决。

对于一个根据 Rayleigh-Ritz 法推导得到的有限元公式，当网格无限细化时，在忽略机器引起的算术误差条件下，必须要求它的计算结果趋于数学模型的精确解；然而，获取满意精度的解在实际中更为重要，因而，可以接受的计算精度有时并不需要太多的自由度；对于同一问题，不同单元的收敛速度并不同，有些收敛较快，而有些则收敛较慢。这些问题将在下节予以讨论。

4.8 有限元解的收敛性

4.8.1 收敛性

本小节将简单讨论有限元解的收敛性问题。

本节的讨论局限于场变量在单元内以多项式形式插值的经典有限元情形。有限元方法的收敛性是指当有限元网格逐步细化时，场变量及其空间微分趋于精确解的性质。为了保证有限元近似解具有收敛性，有限单元需满足以下条件：

条件1，在单元内，插值场必须包含 m 阶或更高阶的完备多项式；

条件2，当单元穿过边界时，插值场函数及到 $m-1$ 阶的微分必须连续；

条件3，每个单元能够精确表征下列状态：a)均匀场；b)任何直到 m 阶的常数微分。

这三个条件看起来相互关联，但各自却发挥着不同的作用。条件1保证了插值函数在位置上的单值性，从而保证了单元内部的连续性。条件2、3是在网格逐步细化过程中需要满足的。同时满足条件2和3的单元称为协调单元。有些单元虽然在一般形状时不直接满足这两条，但当单元细化至很小、且近似为平行四边形时可以满足这两条，这时该单元称为弱协调单元。对于非协调元，条件1的满足并不能保证条件2、3的满足。对较复杂单元，这三个条件的满足，可运用分片检验来校核。

对于结构分析问题，这三个条件的满足情况是这样的：

(1)对于两结点杆元，条件1和2是满足的。

(2)对于具有面内自由度的平板问题，m 可以有两个值：对于面内自由度，$m=1$；对于弯曲自由度，则 $m=2$。条件2要求 u,v,w,w_x 和 w_y 都要在网格细化的极限过程中连续。

(3)条件3之a)要求能够在无应变时包含刚体位移状态；条件3之b)要求包含均匀应变状态。这样，当网格细化时，可用分段函数来逼近实际的场变化。例如不完备的场变化 $u=a_0+a_2x^2$，描述的应变是 $\varepsilon_x=2a_2x$，当 $x=0$ 时，$\varepsilon_x=0$。这种插值函数不能表征常应变状态的缺陷无法通过网格细化予以弥补。

4.8.2 收敛率

收敛率是指单元的收敛快慢，特定单元的收敛率可通过分析得到，复杂单元的收敛率则可通过在一系列连续细化的网格上的计算得到。下面给出简单几何单元收敛率的分析方法及其结果。

如图 4.8-1 所示，假定实线表示的实际位移场为

$$u = a + bx + cx^2 \tag{4.8-1}$$

现在分析两结点线性单元的收敛率。由于有限元插值在结点处具有最好的精度，在收敛率分析时常假定结点处为精确值，据此分析该单元上的最大插值误差。

这样，保证端点处相同时虚线表示的近似线性位移场可表示为

$$\tilde{u} = a + (b+ch)x \tag{4.8-2}$$

得到场变量最大误差出现在单元的中心位置 D 处，其值为

$$|e_D| = |\tilde{u}_D - u_B| = \left| \frac{u_A + u_C}{2} - u_B \right| = \frac{ch^2}{4} = \frac{h^2}{8}|u''| \tag{4.8-3}$$

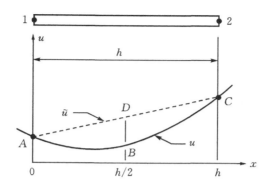

图 4.8-1　线性杆元上的插值与实际结果的比较

其中 $u'' = \mathrm{d}^2 u/\mathrm{d} x^2 = 2c$ 是为了后面更一般讨论而引入的。

梯度（微分）最大误差则出现在单元的两端 A 或 C 处，其值相同且为

$$\left| e_A' \right| = \left| \frac{\tilde{u}_C - \tilde{u}_A}{h} - b \right| = \left| hc \right| = \frac{h}{2} \left| u'' \right| \tag{4.8-4}$$

于是，对于一般的线性插值场，我们有如下结论：

（1）场量及其微分这两个误差均与 $\left| u'' \right|$ 成正比，就是插值函数中没被包含的第 1 个（2 次）完备多项式次数。

（2）函数本身是 $O(h^2)$ 阶的，我们说收敛率为 2；微分是 $O(h)$ 阶的，我们说收敛率为 1。

对插值函数是二次的有限单元，可做与式（4.8-1）～（4.8-4）相似的推导，这里我们不加证明地给出如下结论：

（1）场量及其微分这两个误差均与 $\left| u''' \right|$ 成正比，是插值函数中没被包含的第 1 个（3 次）完备多项式次数。

（2）函数本身是 $O(h^3)$ 阶的，收敛率为 3；微分是 $O(h^2)$ 阶的，收敛率为 2。

对插值函数是 p 次完备多项式的单元，一般结论是：

（1）误差均与 $\left| u^{(p+1)} \right|$ 成正比，是插值函数中没被包含的第 1 个（$(p+1)$ 次）完备多项式次数。

（2）r 阶导数是 $O(h^{p+1-r})$ 阶的，收敛率为 $p+1-r$。

习题 4

1. 证明：下列方程确实可由式（4.5-12）的条件 $\partial \Pi_p/\partial a_1 = 0$ 和 $\partial \Pi_p/\partial a_2 = 0$ 给出：

$$AEL_T \begin{bmatrix} 1 & L_T \\ L_T & 4L_T^2/3 \end{bmatrix} \begin{Bmatrix} a_1 \\ a_2 \end{Bmatrix} = \frac{cL_T^3}{12} \begin{Bmatrix} 4 \\ 3L_T \end{Bmatrix}$$

2. 证明：在取三项多项式 $u = a_1 x + a_2 x^2 + a_3 x^3$ 时，式（4.5-4）的总势能及 Rayleigh-Ritz 法可给出

$$a_1 = \frac{cL_T^2}{2AE}, \quad a_2 = 0 \text{ 和 } a_3 = -\frac{c}{6AE}$$

3. 考虑下述两个近似解：

(1) $u = \dfrac{cL_{\mathrm{T}}^2}{3AE}x$ ；(2) $u = \dfrac{cL_{\mathrm{T}}}{12AE}(7L_{\mathrm{T}}x - 3x^2)$

精确解为 $u = \dfrac{c}{6AE}(3L_{\mathrm{T}}^2 x - x^3)$，试考察两个近似解分别在杆的哪些点上满足平衡微分方程？

4. 考察长度为 L 的均匀悬臂梁，在左端 $x=0$ 处固定，右端 $x=L$ 处作用横向力 F。

(1) 令横向位移为 $v = a_1 x^3$，该场是容许的吗？请予以解释。

(2) 写出一个比(1)场更好的多项式场。例如，令近似场包含三项，每项具有 $a_i x^j$ 的形式。

(3) 不用计算，能预估(2)所给出结果和所得广义自由度值的优劣吗？

(4) 使用(1)中的近似场，计算横向力 F 作用下的挠度。

5. 考察具有均匀弯曲刚度 EI 的梁，受均匀作用的载荷，在两端 $x=0$ 和 $x=L$ 处简支。在下面的(1)和(2)中，当使用一个自由度的近似场时，用 Rayleigh-Ritz 法计算在 $x=L/2$ 处的挠度和弯矩。

(1) 使用单自由度代数表达式 $v = a_1 x(L-x)$。

(2) 使用单项的正弦级数。

(3) 为什么(2)比(1)会给出更精确的结果？

6. 如题 6 图所示悬臂梁，承受大小为 q 的均布力、端部力 P_L 和弯矩 M_L。利用 Rayleigh-Ritz 法，计算(1)和(2)两种情形下 $x=L$ 处的挠度和转角。与精确结果比较，解释 Rayleigh-Ritz 法结果是否精确的原因。

(1) 使用 1 项多项式级数。

(2) 使用 2 项多项式级数。

(3) 对于(1)的近似，在什么情形(载荷)下，位移 $v(x)$ 在整个梁上都是精确的？

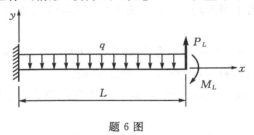

题 6 图

7. 接题 6，如果横向力 P_L 和弯矩 M_L 作用在 $x=L/2$ 处，要精确预估 $x=L$ 处的位移，多项式中需要多少项？说明理由。

8. 具有均匀弯曲刚度 EI 和长度为 L 的梁，在 $x=0$ 处铰支、在 $x=L/2$ 处用辊子支撑、在 $x=L$ 处作用一横向力 P。以完备的二次多项式为试函数，采用 Rayleigh-Ritz 法计算端部的位移。该结果的误差是多少？$x=L/2$ 处弯矩的误差又是多少？

9. 如题 9 图，梁具有均匀的弯曲刚度 EI，以 $v = a_0 + a_1 x + a_2 x^2$ 为横向位移的试函数。先使该位移为容许位移；再采用 Rayleigh-Ritz

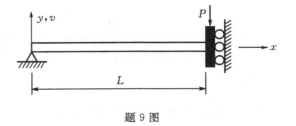

题 9 图

法计算 $x=L$ 处的挠度和最大弯矩。这些结果的误差是多少?

10. 如题 10 图,均匀杆的模量为 E,面积为 A,热胀系数为 α。在参考温度 0 时,无应力,且恰好置于两刚性墙之间。随后,杆承受一个温度场,从 $x=0$ 处的 0 度变化到 $x=L$ 处的 $T_0>0$。以完备的二次多项式为试函数,采用 Rayleigh-Ritz 法预估轴向位移和应力。

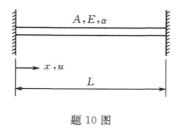

题 10 图

11. 对下列每个问题,采用 Rayleigh-Ritz 法,推导有限元公式,不需特定单元的形函数等细节。

(1)求平面梁的挠度 $v(x)$,使用泛函

$$\Pi_p = \int_0^L \frac{1}{2} E I_z v_{,xx}^2 \, \mathrm{d}x - \int_0^L vq \, \mathrm{d}x - \{v\}^{\mathrm{T}}\{F\} - \{\theta\}^{\mathrm{T}}\{M\}$$

(2)求平面梁的挠度 $v(x)$ 和弯矩 $M(x)$,使用下列泛函

$$\Pi_p = \int (M^2/2EI + M_{,x} v_{,x} + qv) \, \mathrm{d}x$$

但此时同时采用两个插值场:一个是用结点弯矩对弯矩的插值;另一个是用结点挠度对挠度的插值。

(3)求具有刚性壁的空腔内的气体或流体的声模态 $p(x,y,z)$,泛函为

$$\Pi = \int \left(p_{,x}^2 + p_{,y}^2 + p_{,z}^2 - \frac{\omega^2}{c^2} p^2 \right) \mathrm{d}V$$

(4)求作用横向分布力 $q(x,y)$ 的各向同性板的挠度 $w(x,y)$,泛函为

$$\Pi_p = \frac{D}{2} \iint \left\{ (w_{,xx} + w_{,yy})^2 - 2(1-v)\left[w_{,xx} w_{,yy} - w_{,xy}^2 \right] - \frac{2qw}{D} \right\} \mathrm{d}x \mathrm{d}y$$

12. 假定 $\theta = 30°$,数值证明,位移场

$$\begin{Bmatrix} u \\ v \end{Bmatrix} = \begin{bmatrix} a_1 & \cos\theta - 1 & -\sin\theta \\ a_4 & \sin\theta & \cos\theta - 1 \end{bmatrix} \begin{Bmatrix} 1 \\ x \\ y \end{Bmatrix}$$

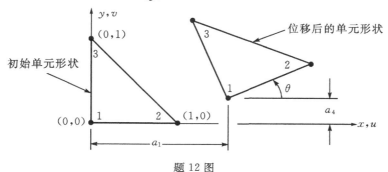

题 12 图

可以给出如题 12 图的位移。而且,通过比较单元边在位移前后的长度,证明该位移是刚体位移。

13. 假定梁单元基于三次多项式,但结点自由度分别为单元的两个端点及两个三分点处的横向挠度,即四个结点坐标分布为 $x = 0, L/3, 2L/3, L$。试说明,该单元破坏了收敛的哪些准则?

14. 三维问题中,在二次完备的 10 项之后,将增加哪些三次项,使得形函数既没有方向偏斜,且总项数分别为

(1)11;(2)13;(3)14;(4)16;(5)17;(6)19。

15. 考虑长度为 L 的均匀直杆,具有足够的支撑以消除刚体位移。作用沿轴向光滑变化的载荷 q。杆用两种网格建模:一种是 n(为偶数)个线性杆元;另一种是 $n/2$ 个二次杆元。对两种网格,结点的数目和位置相同。

(1)哪种杆元能给出更精确的位移和应力? 说明理由。

(2)如果通过对每个单元再一分为二进行网格细化,那么,对每种网格,位移和应力的误差将以怎样的倍数减小?

第 5 章 Galerkin 加权残值法

本章的目的是从微分方程得到有限元公式,本章的内容是介绍 Galerkin 方法。

5.1 Galerkin 方法概述

5.1.1 方法概述

截至本章,我们已可通过三种途径获取有限元的单元刚度矩阵,即第 2 章讲解过的通用物理解释、第 3 章讲解过的虚功原理和第 4 章讲解过的泛函变分法。虚功原理和变分法是经典方法,对解决结构分析中的大多数问题已经足够。但对于其他领域的物理问题,像势能这样的泛函还不清楚,也不再具有明确的物理意义;在另外一些问题中,并不能简单地得到用以变分的泛函。例如流体力学问题,只有微分方程和边界条件,此时只有采用加权残值法才能得到有限元公式。Galerkin 法是一种最广泛使用的加权残值法;与变分法类似,Galerkin 方法也是以弱形式来反映微分控制方程,即在域内平均地、以积分形式满足控制微分方程。

为了叙述方便,在介绍 Galerkin 法之前先引入几个常用符号。

x:自变量,如质点的坐标;

$u = u(x)$:待求场变量,如质点的位移;

$\tilde{u} = \tilde{u}(x)$:待求场变量的近似解,如位移插值等,其特征是含有待定的自由度;

f:自变量 x(坐标)的已知函数,例如分布体力;

D:微分算子。

有了以上符号,一个物理问题在数学上可表述为

$$Du - f = 0 \quad \text{in} \quad V \tag{5.1-1}$$

近似解 $\tilde{u}$ 在满足控制微分方程时的残值则为

$$R = D\tilde{u} - f \quad \text{in} \quad V \tag{5.1-2}$$

依据加权残值法思想,所求近似解使得微分方程的残值在某种加权意义下最小,即

$$\int W_i R \, dV = 0 \tag{5.1-3}$$

其中,W_i 称为权函数(有时也称为基函数),在 Galerkin 方法中取近似解中第 i 个自由度的乘子。

5.1.2 一维实例

下面看一个一维的例子(参见图 5.1-1)。

该问题的解析解为

$$u = \frac{P}{AE}x + \frac{cL_{\text{T}}^2}{2AE}x - \frac{c}{6AE}x^3 \tag{5.1-4}$$

假定并不知道其解析解,那么,该问题的 Galerkin 法可表述为

$$\int_0^{L_{\mathrm{T}}} W_i \left(\frac{\mathrm{d}^2 \tilde{u}}{\mathrm{d}x^2} + \frac{cx}{AE} \right) \mathrm{d}x = 0 \tag{5.1-5}$$

对上式进行分部积分,可得

$$\int_0^{L_{\mathrm{T}}} \left(-\frac{\mathrm{d}W_i}{\mathrm{d}x} \frac{\mathrm{d}\tilde{u}}{\mathrm{d}x} + W_i \frac{cx}{AE} \right) \mathrm{d}x + \left[W_i \frac{\mathrm{d}\tilde{u}}{\mathrm{d}x} \right]_0^{L_{\mathrm{T}}} = 0 \tag{5.1-6}$$

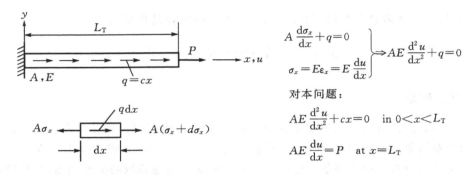

图 5.1-1　杆的拉压问题(一个一维实例)

运用分部积分可改变其形式,并将起到这样两个作用:一个是引入自然边界条件;另一个是降低被积函数的微分阶次。

若令近似解的形式为

$$\tilde{u} = a_1 x + a_2 x^2 \tag{5.1-7}$$

显然该近似解是容许解,从中提取出

$$W_1 = x, W_2 = x^2 \tag{5.1-8}$$

并得到

$$\mathrm{d}W_1/\mathrm{d}x = 1, \mathrm{d}W_2/\mathrm{d}x = 2x \tag{5.1-9}$$

将式(5.1-7)~(5.1-9)代入式(5.1-6),得到由两个方程组成的方程组

$$\begin{cases} \int_0^{L_{\mathrm{T}}} \left[(-1)(a_1 + 2a_2 x) + x \frac{cx}{AE} \right] \mathrm{d}x + L_{\mathrm{T}} \frac{P}{AE} = 0 \\ \int_0^{L_{\mathrm{T}}} \left[(-2x)(a_1 + 2a_2 x) + x^2 \frac{cx}{AE} \right] \mathrm{d}x + L_{\mathrm{T}}^2 \frac{P}{AE} = 0 \end{cases} \tag{5.1-10}$$

求解得到

$$a_1 = \frac{P}{AE} + \frac{7cL_{\mathrm{T}}^2}{12AE}, \quad a_2 = -\frac{cL_{\mathrm{T}}}{4AE} \tag{5.1-11}$$

于是得到该问题的近似解为

$$\tilde{u} = \left(\frac{P}{AE} + \frac{7cL_{\mathrm{T}}^2}{12AE} \right) x - \frac{cL_{\mathrm{T}}}{4AE} x^2 \tag{5.1-12}$$

5.1.3　小结

(1)这种权函数同时又是插值基函数的 Galerkin 法,特别地被称为 Bubnov-Galerkin 法,经常被简称为 Galerkin 法。

(2)还有一种是 Petrov-Galerkin 法:部分或全部的权函数与插值基函数不同。这样,与泛函变分得到的结果将不同。常用于流体力学等领域。

（3）当泛函变分能给出问题的控制微分方程时，Galerkin 法和 Rayleigh-Ritz 法在同样的近似场下得到的结果相同。这点很易得到证明，有兴趣的读者可自行进行。

5.2　加权残值法（MWR）

5.2.1　方法概述

Galerkin 法只是众多加权残值法的一种。所有加权残值法的目的都在于：确定近似试函数中的待定参数，以获得某种意义下的近似。

一般的加权残值法主要包含如下两个步骤：

Step 1：将 Galerkin 法中对控制微分方程的残值思想同时延伸至对边界条件上的残值，即域上的残值：

$$R = R(\{a\}, x) = D\tilde{u} - f \qquad \text{在体积 V 中} \qquad (5.2-1)$$

边界上的残值：

$$R_S = R_S(\{a\}, x) = D_s\tilde{u} - g \qquad \text{在边界 S 上} \qquad (5.2-2)$$

其中 g 为边界点 x 的函数。

Step 2：寻求使得残值在某种意义下最小，同时提供能求解 n 个待定自由度的足够数目的方程。本步是加权残值法的核心。

5.2.2　几种常见的加权残值法

显然，加权残值法是 Galerkin 法的推广，反过来，Galerkin 法是加权残值法的一种特殊情形。实际中，加权残值法因 Step 2 不同派生出了 4 种常见形式。

（1）配点法：取 n 个不同点处的残值为零，以建立 n 个方程。即

$$R(\{a\}, x_i) = 0 \quad \text{对 } i = 1, 2, \cdots, j-1 \qquad (5.2-3)$$

$$R_S(\{a\}, x_i) = 0 \quad \text{对 } i = j, j+1, \cdots, n \qquad (5.2-4)$$

理论上，配点 x_i 的分布是任意的，可以是均匀的，也可以在特别关注的位置配置较密。

（2）子域法：取残值在 V 或 S 的 n 个不同部分上的积分为零，以建立 n 个方程。即

$$\int R(\{a\}, x)\mathrm{d}V_i = 0 \quad \text{对 } i = 1, 2, \cdots, j-1 \qquad (5.2-5)$$

$$\int R_S(\{a\}, x)\mathrm{d}S_i = 0 \quad \text{对 } i = j, j+1, \cdots, n \qquad (5.2-6)$$

同样地，子域 V_i 及子边界 S_j 的分布可以是均匀的，也可以在特别关注的区域配置较密。

（3）最小二乘法：使得含 n 个待定自由度的泛函 I 取驻值，即

$$\partial I/\partial a_i = 0 \quad \text{对 } i = 1, 2, \cdots, n \qquad (5.2-7)$$

其中

$$I = \int \left[R(\{a\}, x)\right]^2 \mathrm{d}V + \alpha \int \left[R_S(\{a\}, x)\right]^2 \mathrm{d}S \qquad (5.2-8)$$

是残值平方的积分。由于（5.2-8）式的泛函是二次的，通过对 n 个待定自由度独立变分，可建立 n 个方程。另外，因子 α 是为了使得域积分和边界积分可加所需要的量纲一致而引入的。

（4）最小二乘配点法：与（3）的思想相同，此时泛函 I 取为 m（大于等于 n）个点处的平方残值的和，即

$$I = \sum_{i=1}^{j-1} \left[R(\{a\}, x_i)\right]^2 + \alpha \sum_{i=j}^{m} \left[R_S(\{a\}, x_i)\right]^2 \qquad (5.2-9)$$

由于仍然是对 n 个待定自由度独立求变分,即使 m 大于 n,仍将建立 n 个方程。当 $m=n$ 时,该法将退化为(1)的简单配点法。当 m 大于 n 时,由于该法可与方程多、未知数少的最小二乘法所具有的不定特点相比拟,该法于是被称为最小二乘配点法。

5.2.3 简单实例

仍然考察 5.1.2 节的杆的拉压问题,参考图 5.1-1。

该问题的控制微分方程为

$$\frac{\mathrm{d}^2 u}{\mathrm{d}x^2} + \frac{cx}{AE} = 0 \tag{5.2-10}$$

设近似插值为

$$\tilde{u} = a_1 x + a_2 x^2 \tag{5.2-11}$$

因而,域内残值和边界残值分别为

$$\begin{cases} R = 2a_2 + \dfrac{cx}{AE} \\[2mm] R_S = a_1 + 2a_2 L_T - \dfrac{P}{AE} \end{cases} \tag{5.2-12}$$

下面分别运用各种加权残值法予以求解。

(1)运用配点法求解。

取配点位置为 $x = L_T/3$,于是,由 $R(x = L_T/3) = 0$ 和 $R_S = 0$ 可得出

$$a_1 = \frac{P}{AE} + \frac{cL_T^2}{3AE}, \quad a_2 = -\frac{cL_T}{6AE} \tag{5.2-13}$$

(2)运用子域法求解。

在整个长度上对域内残值积分,并结合 $R_S = 0$,得到

$$a_1 = \frac{P}{AE} + \frac{cL_T^2}{2AE}, \quad a_2 = -\frac{cL_T}{4AE} \tag{5.2-14}$$

(3)运用最小二乘法求解。

考虑到量纲的一致,取 $\alpha = 1/L_T$,于是,泛函的具体形式为

$$I = \int_0^{L_T} \left(2a_2 + \frac{cx}{AE}\right)^2 \mathrm{d}x + \frac{1}{L_T}\left(a_1 + 2a_2 L_T - \frac{P}{AE}\right)^2 \tag{5.2-15}$$

分别取 $\partial I/\partial a_1 = 0$ 和 $\partial I/\partial a_2 = 0$ 建立方程,求解得到

$$a_1 = \frac{P}{AE} + \frac{cL_T^2}{2AE}, \quad a_2 = -\frac{cL_T}{4AE} \tag{5.2-16}$$

可以看出,与运用子域法求得的结果相同。

(4)运用最小二乘配点法求解

域内配点取 $x = L_T/3$ 和 $x = L_T$,结合 $R_S = 0$,并取 $\alpha = 1/L_T^2$,此时 m 等于 3、大于 $n = 2$。在各配点处直接取残值,得到如下关系式

$$\begin{Bmatrix} R_1 \\ R_2 \\ R_S/L_T \end{Bmatrix} = \begin{bmatrix} 0 & 2 \\ 0 & 2 \\ 1/L_T & 2 \end{bmatrix} \begin{Bmatrix} a_1 \\ a_2 \end{Bmatrix} - \begin{Bmatrix} -cL_T/3AE \\ -cL_T/AE \\ P/AEL_T \end{Bmatrix} \tag{5.2-17}$$

若记做

$$\{R\} = [Q]\{a\} - \{b\} \tag{5.2-18}$$

式(5.2-18)是一个有三个方程、仅两个未知数的高阵超定方程组,在最小二乘意义上可转换为求解下列方程组

$$[A]\{a\} = \{c\} \tag{5.2-19}$$

其中

$$[A] = [Q]^{\mathrm{T}}[Q], \{c\} = [Q]^{\mathrm{T}}\{b\} \tag{5.2-20}$$

实际上,可按式(5.2-9),先构造残值平方和泛函,再变分,亦可得到式(5.2-20)。这里进行式(5.2-17)到式(5.2-20)的推导,只是为了更清楚地展示最小二乘配点法所表示的物理意义及名称的由来。

求解式(5.2-20),最后得到

$$a_1 = \frac{P}{AE} + \frac{2cL_{\mathrm{T}}^2}{3AE}, a_2 = -\frac{cL_{\mathrm{T}}}{3AE} \tag{5.2-21}$$

表 5.2-1　几种加权残值法结果比较(当 $P=0, A=E=c=L_{\mathrm{T}}=1$ 时)

场量及位置	精确解	配点法	子域法和最小二乘法	最小二乘配点法	Galerkin 法
$x = L_{\mathrm{T}}/2$ 处 u	0.2292	0.1250	0.1875	0.2500	0.2292
$x = L_{\mathrm{T}}$ 处 u	0.3333	0.1667	0.2500	0.3333	0.3333
$x = 0$ 处 $u_{,x}$	0.5000	0.3333	0.5000	0.6667	0.5833
$x = L_{\mathrm{T}}/2$ 处 $u_{,x}$	0.3750	0.1667	0.2500	0.3333	0.3333
$x = L_{\mathrm{T}}$ 处 $u_{,x}$	0	0	0	0	0.0833

不同方法得到的该问题的解在表 5.2-1 中进行了比较,可以看出,Galerkin 法的总体性能最佳。

5.2.4　小结

对本节内容,小结如下:

(1)Galerkin 法和其他加权残值法的共同点是都可表示成 $\int W_i R_\Gamma \mathrm{d}\Gamma = 0$,并与第 4 章的泛函变分 $\delta\Pi = 0$ 相类似,可获得一个求解待定自由度的线性方程组。

(2)不同的加权残值法只是权函数选取的不同。例如,Galerkin 法选取的权函数为 $W_i = \partial\tilde{u}/\partial a_i$;配点法选取 Dirac Delta 函数为权函数;子域法选取 Heaviside 阶跃函数为权函数;最小二乘法则选取 $W_i = \partial R/\partial a_i$ 为权函数。

(3)所有的加权残值法都将建立形如 $[A]\{a\} = \{c\}$ 的方程组,进而加以求解。Bubnov-Galerkin 法和最小二乘法所建立方程组的系数矩阵是对称的,配点法、子域法及 Petrov-Galerkin 法所建立方程组的系数矩阵是非对称的,因而求得的近似结果一般是不同的。

(4)最小二乘法形成的系数矩阵有时是病态的。更进一步的探讨需参阅相关文献。

5.3 一维 Galerkin 有限元法

本节以一维问题为例,展示 Galerkin 法的有限元形式。第一个例子还将详细进行分部积分推导和单元刚度矩阵到总体刚度矩阵的组装。

分析如图 5.3-1 所示的轴向受载均匀杆。

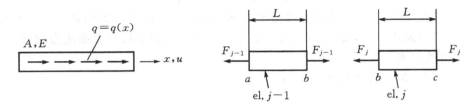

图 5.3-1 轴向受载的均匀杆及求解

该问题的控制微分方程为

$$AEu_{,xx} + q = 0 \tag{5.3-1}$$

自然边界条件为

$$AEu_{,x} = F \qquad 在\ x = x_0\ 处 \tag{5.3-2}$$

有限元位移插值为

$$\tilde{u} = [N]\{d\} \tag{5.3-3}$$

其中

$$\begin{cases} [N] = \{N_1 \quad N_2\} = \left\{ \dfrac{L-x}{L} \quad \dfrac{x}{L} \right\} \\ \{d\} = \{u_1 \quad u_2\}^{\mathrm{T}} \end{cases} \tag{5.3-4}$$

这样,Galerkin 法中的权函数就为

$$W_i = \partial\tilde{u}/\partial d_i = N_i \tag{5.3-5}$$

相应的 Galerkin 残值方程即为

$$\sum_{j=1}^{N_{\mathrm{els}}} \int_0^L N_i(AE\tilde{u}_{,xx} + q)\mathrm{d}x = 0 \tag{5.3-6}$$

上式中的求和表示整个域的积分为各单元积分之和。在有限元法中,其含义就是通过公共结点(参考图 5.3-2),对单元刚度矩阵和等效结点载荷进行组装。

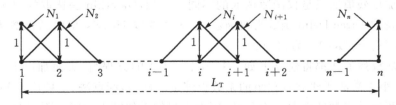

图 5.3-2 有限元形函数 N_i 的"hat function"特性及单元刚度的组装原理

对式(5.3-6)的第一项进行分部积分得

$$\int_0^L N_i A E \widetilde{u}_{,xx} \mathrm{d}x = [N_i A E \widetilde{u}_{,x}]_0^L - \int_0^L N_{i,x} A E \widetilde{u}_{,x} \mathrm{d}x \tag{5.3-7}$$

对所有的结点自由度均可形成与式(5.3-7)类似的方程。引入自然边界条件式(5.3-2),经整理,得到系统方程为

$$\sum_{j=1}^{N_{els}} \int_0^L [B]^T A E [B] \mathrm{d}x \{d\}_j = \sum_{j=1}^{N_{els}} \int_0^L [N]^T q \mathrm{d}x + \sum_{j=1}^{N_{els}} [[N]^T F]_0^L \tag{5.3-8}$$

其中

$$[B] = [N]_{,x} \tag{5.3-9}$$

为由单元 j 形函数的梯度组成的行向量。

在系统层面,式(5.3-8)可表示为

$$\Big(\sum_{j=1}^{N_{els}} [k]_j\Big)\{D\} = \sum_{j=1}^{N_{els}} \{r_e\}_j + \{P\} \tag{5.3-10}$$

或简记为

$$[K]\{D\} = \{R\} \tag{5.3-11}$$

其中

$$\begin{cases} [k]_j = \displaystyle\int_0^L [B]^T A E [B] \mathrm{d}x \\ \{r_e\}_j = \displaystyle\int_0^L [N]^T q \mathrm{d}x \end{cases} \tag{5.3-12}$$

需注意的是,上式针对单元 j 时,式(5.3-4)第一式的形函数需用单元 j 的形函数和长度。有限元的灵活性可使每个单元具有不同的长度 L,这里取为相同长度 L 只是为了展示形成有限元公式的过程,关于更严谨的公式推导,请参考第 6 章和第 7 章相关章节。因每个单元的 $\{d\}_j$ 不同,式(5.3-10)中的求和应理解为单元组装,而非一般意义的简单相加。

5.4　二维 Galerkin 有限元法

5.4.1　拟调和方程的有限元公式推导

很多物理问题可以用拟调和方程表示。例如热传导问题、流体膜的润滑问题、电场问题,以及空隙介质中的渗流问题等。本节采用 Galerkin 法形成拟调和方程的有限元方程,而不关注其物理上的差异。

稳态条件下,以拟调和方程形式表示的控制微分方程为

$$\frac{\partial}{\partial x}(k_x \varphi_{,x}) + \frac{\partial}{\partial y}(k_y \varphi_{,y}) + Q = 0 \quad \text{在体积 } V \text{ 中} \tag{5.4-1}$$

边界条件为

$$l k_x \varphi_{,x} + m k_y \varphi_{,y} - f_B = 0 \qquad \text{在边界 } S \text{ 上} \tag{5.4-2}$$

若令 $k_x = k_y = k$,可得泊松方程

$$k \nabla^2 \varphi + Q = 0 \tag{5.4-3}$$

若再令 $Q = 0$,则可得拉普拉斯方程

$$\nabla^2 \varphi = 0 \tag{5.4-4}$$

此时称 φ 为调和函数。

在有限元法中，φ 离散逼近为

$$\tilde{\varphi} = [N]\{\varphi_e\} = \{N_1 \quad N_2 \quad \cdots \quad N_n\}\{\varphi_e\} \tag{5.4-5}$$

这样，单元层面的 Galerkin 残值方程为

$$\iint [N]^{\mathrm{T}}\left[\frac{\partial}{\partial x}(k_x\tilde{\varphi}_{,x}) + \frac{\partial}{\partial y}(k_y\tilde{\varphi}_{,y}) + Q\right]\mathrm{d}x\mathrm{d}y = \{0\} \tag{5.4-6}$$

对左边括号内的前两项，分别进行分部积分，得

$$\begin{cases}
\iint [N]^{\mathrm{T}}\dfrac{\partial}{\partial x}(k_x\tilde{\varphi}_{,x})\mathrm{d}x\mathrm{d}y = -\iint [N]^{\mathrm{T}}_{,x}k_x\tilde{\varphi}_{,x}\mathrm{d}x\mathrm{d}y + \int [N]^{\mathrm{T}}k_x\tilde{\varphi}_{,x}l\,\mathrm{d}S \\[4mm]
\iint [N]^{\mathrm{T}}\dfrac{\partial}{\partial y}(k_y\tilde{\varphi}_{,y})\mathrm{d}x\mathrm{d}y = -\iint [N]^{\mathrm{T}}_{,y}k_y\tilde{\varphi}_{,y}\mathrm{d}x\mathrm{d}y + \int [N]^{\mathrm{T}}k_y\tilde{\varphi}_{,y}m\,\mathrm{d}S
\end{cases} \tag{5.4-7}$$

这里再强调一下进行分部积分的两个作用：一是引入自然边界条件，二是降低微分阶次。

考虑到边界条件，结合式(5.4-7)，式(5.4-6)变为

$$\iint (-[N]^{\mathrm{T}}_{,x}k_x\tilde{\varphi}_{,x} - [N]^{\mathrm{T}}_{,y}k_y\tilde{\varphi}_{,y} + [N]^{\mathrm{T}}Q)\mathrm{d}x\mathrm{d}y = -\int [N]^{\mathrm{T}}f_B\mathrm{d}S \tag{5.4-8}$$

考虑到

$$\tilde{\varphi}_{,x} = [N]_{,x}\{\varphi_e\}, \quad \tilde{\varphi}_{,y} = [N]_{,y}\{\varphi_e\} \tag{5.4-9}$$

并经整理，(5.4-6)式最终变为

$$[k]\{\varphi_e\} = \{r_e\} \tag{5.4-10}$$

其中

$$\begin{cases}
[k] = \iint ([N]^{\mathrm{T}}_{,x}k_x[N]_{,x} + [N]^{\mathrm{T}}_{,y}k_y[N]_{,y})\mathrm{d}x\mathrm{d}y \\[4mm]
\{r_e\} = \iint [N]^{\mathrm{T}}Q\mathrm{d}x\mathrm{d}y + \int [N]^{\mathrm{T}}f_B\mathrm{d}S
\end{cases} \tag{5.4-11}$$

5.4.2　平面弹性力学问题的有限元公式推导

5.4.1 节的讨论稍作修改就可应用于平面应力或平面应变弹性力学问题，具体步骤为：

(1)控制微分方程就是平衡方程

$$\begin{cases}
\sigma_{x,x} + \tau_{xy,y} + F_x = 0 \\
\tau_{xy,x} + \sigma_{y,y} + F_y = 0
\end{cases} \tag{5.4-12}$$

(2)自然边界条件就是面力边界条件

$$\begin{cases}
\Phi_x = l\sigma_x + m\tau_{xy} \\
\Phi_y = l\tau_{xy} + m\sigma_y
\end{cases} \tag{5.4-13}$$

(3)有限元插值逼近为

$$\begin{Bmatrix} \tilde{u} \\ \tilde{v} \end{Bmatrix} = \begin{bmatrix} [N] & [0] \\ [0] & [N] \end{bmatrix}\{d\} \tag{5.4-14}$$

其中

$$\{d\} = \{u_1 \quad u_2 \quad \cdots \quad u_n \quad v_1 \quad v_2 \quad \cdots \quad v_n\}^{\mathrm{T}} \tag{5.4-15}$$

(4)单元层面上的 Galerkin 残值方程为

$$\begin{cases} \iint [N]^T (\tilde{\sigma}_{x,x} + \tilde{\tau}_{xy,y} + F_x) \, dx dy = \{0\} \\ \iint [N]^T (\tilde{\tau}_{xy,x} + \tilde{\sigma}_{y,y} + F_y) \, dx dy = \{0\} \end{cases} \qquad (5.4-16)$$

（5）对各式中的前两项进行分部积分，例如

$$\iint [N]^T \tilde{\sigma}_{x,x} \, dx dy = -\iint [N]^T_{,x} \tilde{\sigma}_x \, dx dy + \int [N]^T \tilde{\sigma}_x l \, dS \qquad (5.4-17)$$

（6）引入自然边界条件件式（5.4-13）；

（7）运用材料的本构关系，将近似应力用近似应变表示；再通过几何关系，将近似应变用近似位移表示，即

$$\begin{cases} \{\tilde{\sigma}\} = [E](\{\tilde{\varepsilon}\} - \{\varepsilon_0\}) + \{\sigma_0\} \\ \{\tilde{\varepsilon}\} = [B][d] \end{cases} \qquad (5.4-18)$$

（8）在一系列整理后，得到平面弹性问题的 Galerkin 有限元公式为

$$[k]_i \{d\}_i = \{r\}_i \qquad (5.4-19)$$

其中

$$\begin{cases} [k]_i = \iint [B]^T [E][B] \, dx dy \\ \{r\}_i = \iint [B]^T [E] \{\varepsilon_0\} \, dx dy - \iint [B]^T \{\sigma_0\} \, dx dy + \iint [N]^T [F] \, dx dy + \iint [N]^T \{\Phi\} \, dS \end{cases}$$

$$(5.4-20)$$

需注意的是，由于 Galerkin 法是在逐个方向上按逐个方程进行处理的，(5.4-20)式中的 $[N]$ 矩阵与本节其他公式中的 $[N]$ 行阵实质相同、但形式略有不同，$[B]$ 由本节前述已提及的 $[N]_{,x}$ 和 $[N]_{,y}$ 按几何关系组成，为了与第 2、3 及 4 章中的相应公式比较，这里仍沿用这些常用的符号。

习题 5

1. 验证：尽管在 $x = L_T/3$ 处予以配点，根据近似场 $\tilde{u} = a_1 x + a_2 x^2$ 计算的广义自由度值

$$a_1 = \frac{P}{AE} + \frac{cL_T^2}{3AE}, \quad a_2 = -\frac{cL_T}{6AE}$$

及相应的近似场仍不能获得 $x = L_T/3$ 点处的精确解。这是否表明该法隐含着某种错误？并说明其理由。

2. 求题 2 图中问题，载荷 $q=c$ 为一常值。假设 $\tilde{u} = a_1 x + a_2 x^2$，分别使用下列方法计算广义自由度 a_1 和 a_2 的值，配点时的配点位置取 $x = L_T/3$ 和 $x = L_T$。

（1）配点法；（2）子域法；（3）最小二乘法；（4）最小二乘配点法；（5）Galerkin 法。

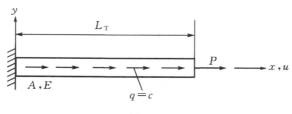

题 2 图

3. 有一物理问题的微分方程为 $u_{,xx} + 4u = 12 (0 < x < 1)$，其本质边界条件为 $x = 0$ 处 $u = 3$、$x = 1$ 处 $u = 1$；无自然边界条件；本问题的精确解为 $u = 3 - 2.1995\sin 2x$。近似解取 $\tilde{u} = 3 - 2x + a(x^2 - x)$，分别用下列方法计算近似解中的参数 a：

(1)配点法；(2)子域法；(3)最小二乘法；(4)最小二乘配点法；(5)Galerkin 法。

4. 物理问题的微分方程为 $u_{,x} + 2u - 16x = 0 (0 < x < 1)$；本质边界条件为 $x = 0$ 处 $u = 0$；无自然边界条件；本问题的精确解为 $u = 4(e^{-2x} - 1) + 8x$，近似解取 $\tilde{u} = a_1 x + a_2 x^2$，分别采用下列方法，计算 a_1 和 a_2，再确定 $x = 0.5$ 和 $x = 0.7$ 处近似解的百分误差：

(1)最小二乘配点法，配点位置为 $x = 0.25, x = 0.50$ 和 $x = 0.75$；

(2)Galerkin 法。

5. 物理问题的微分方程为 $\dfrac{d^2 u}{dx^2} + \dfrac{cx}{AE} = 0 \quad (0 < x < L_T)$；本质边界条件为 $x = 0$ 处 $u = 0$；自然边界条件为 $x = L_T$ 处 $AE \dfrac{du}{dx} = P$；近似解取 $\tilde{u} = a_1 x + a_2 x^2$。分别采用下列方法，计算 a_1 和 a_2，并与表 5.2-1 的结果进行比较。

(1)利用配点法，配点位置为 $x = L_T/2$；

(2)利用子域法，在 $0 < x < L_T/2$ 上积分；

(3)利用最小二乘配点法，在 $x = 0, x = L_T/2$ 和 $x = L_T$ 处计算 R；

(4)利用最小二乘配点法，在 $x = L_T/3$ 处计算 R；

(5)为什么在本问题中，最小二乘配点法的解与因子 α 无关？

6. 如题 6 图所示，均匀弹性杆左端作用一轴向载荷 P；杆嵌在弹性介质中，并受端部载荷 F 和分布载荷 q，二者均与杆的位移成正比。利用 Galerkin 法，建立仅有一个线性单元的轴向位移场的有限元公式。

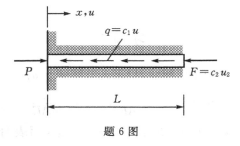

题 6 图

7. 忽略弯曲刚度的绳索承受轴向张力 T，并与模量为 B(即单位长度产生单位横向挠度所需的力)的地基接触。题 7 图示为弯曲位置处的绳索，左右两端分别作用横向载荷 F_L 和 F_R。假定跨度上的绳索张力不变，而且，由于 $|w_{,x}| \ll 1$，认为水平方向的张力 T 自平衡。

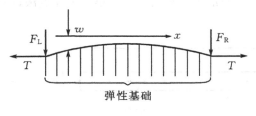

题 7 图

（1）试推导该问题的控制微分方程为 $Tw_{,xx} - Bw = 0$

（2）利用 Galerkin 法,建立该问题的有限元公式,即给出以单元形状函数和已知参数表示的刚度矩阵和载荷向量表达式。

8. 弦的运动方程为 $Tw_{,xx} - \rho_L \ddot{w} = 0$,其中 T 为常张力,w 为横向位移,x 为轴向坐标,ρ_L 为单位长度的质量,加速度 $\ddot{w} = \mathrm{d}^2 w / \mathrm{d}t^2$。

（1）利用 Galerkin 法,建立两结点单元的有限元公式;

（2）考虑长度为 $2L$ 的简支均匀弦,用两个长度为 L 的两结点单元建模,每一个与（1）中的单元相同。求固有基频频率 ω 的近似解,并与精确解 $\omega^2 = \pi^2 T / (4\rho_L L^2)$ 比较。

9. 设 F 为常轴向力（即正的张力）,q 为分布的横向载荷,B 为弹性地基模量（即单位长度单位挠度需要的力）,均匀梁的控制微分方程为

$$EIv_{,xxxx} - q - Fv_{,xx} + Bv = 0$$

使用 Galerkin 法,建立含 F 和 B 的有限元公式。

10. 试给出由式(5.3-8)到式(5.3-10)的详细推导过程。

11. 证明位移插值 $\tilde{\varphi} = [N]\{\varphi_e\} = \{N_1 \quad N_2 \quad \cdots \quad N_n\}\{\varphi_e\}$ 和下述泛函

$$\Pi = \frac{1}{2}\iint (k_x \varphi_{,x}^2 + k_y \varphi_{,y}^2 - 2Q\varphi)\,\mathrm{d}x\mathrm{d}y - \int f_B \varphi \mathrm{d}S$$

可导出有限元公式:

$$\left[\iint ([N_{,x}]^T k_x [N_{,x}] + [N_{,y}]^T k_y [N_{,y}])\,\mathrm{d}x\mathrm{d}y\right]\{\varphi_e\}$$

$$= \iint [N]^T Q \mathrm{d}x\mathrm{d}y + \int [N]^T f_B \mathrm{d}S$$

12. 具有刚性壁空腔内声压振动的稳态方程为亥姆霍兹方程:

$$p_{,xx} + p_{,yy} + p_{,zz} + (\omega/c)^2 p = 0$$

在刚性壁表面的边界条件为: $p_{,n} = 0$。

假定压力幅 p 近似插值为: $p = [N]\{p_e\}$。

运用 Galerkin 法,推导用形函数和材料常数表示的有限元公式。

13. 当 $k_x = k_y = k$ 时,拟调和方程 $\dfrac{\partial}{\partial x}(k_x \varphi_{,x}) + \dfrac{\partial}{\partial y}(k_y \varphi_{,y}) + Q = 0$ 在柱坐标系中变为

$$\frac{1}{r}\frac{\partial}{\partial r}\left(r\frac{\partial \varphi}{\partial r}\right) + \frac{1}{r^2}\frac{\partial^2 \varphi}{\partial \theta^2} + \frac{\partial^2 \varphi}{\partial z^2} + \frac{Q}{k} = 0$$

对于回转体,自然边界条件为: $k(l\varphi_{,r} + n\varphi_{,z}) - f_B = 0$。运用 Galerkin 法,推导柱坐标系下的有限元公式的显式表达式。

14. 浅水湖泊中由风产生的环流微分方程为:

$$\Psi_{,xx} + \Psi_{,yy} + A\Psi_{,x} + B\Psi_{,y} + C = 0$$

其中 Ψ 为流函数;A、B、C 为 x、y 三函数,x 为水平方向,y 为沿湖面的切线方向。

深度 h 处的平均速度为: $u = \Psi_{,x}/h$ 及 $v = \Psi_{,y}/h$

边界条件为: $\Psi_{,n} = 0$（沿海岸线边界的法向）

运用 Galerkin 法,推导有限元公式。

15. 问题的控制微分方程为:

$$\sigma_{x,x} + \tau_{xy,y} + F_x = 0$$

$$\tau_{xy,x} + \sigma_{y,y} + F_y = 0$$

边界条件为

$$\Phi_x = l\sigma_x + m\tau_{xy}$$
$$\Phi_y = l\tau_{xy} + m\sigma_y$$

位移近似场为

$$\begin{Bmatrix} \tilde{u} \\ \tilde{v} \end{Bmatrix} = \begin{bmatrix} [N] & [0] \\ [0] & [N] \end{bmatrix} \{d\}$$

用 Galerkin 法推导平面弹性问题有限元公式,即完成 5.4.2 节的推导,包括那些被略去的细节。

第6章　等参单元

本章的目的是使第3章讲解过的四边形或六面体单元不再受"矩形"或"长方体"形状的限制,将讲解一种适用于平面、块体、板及壳单元的通用公式。

6.1　序言

6.1.1　概述

第3章介绍过的单元有三角形单元(含 T3、T6)、矩形单元(含 R4、R8、R9),长方体单元(含 C8、C20、C27)。关于三角形单元的推广将在第7章讲解,本章讲解二维长方形单元和三维长方体单元的推广。

长方形(体)单元的优点是对刚度矩阵和等效载荷数学上易于计算,这是由于积分域很规则,其上的积分可通过对多元依次进行。但是,长方形(体)单元的缺点也是很明显的,由于难以对复杂几何进行网格划分,特别是当重要区域需通过粗网格到细网格逐级细化时,不可能永远采用长方形(体)单元,因而该单元在实际中是不实用的,有必要研究偏离长方形(体)的一般形状的有限单元。

本章将要讨论的等参单元具有如下5个特征:

(1)单元形状可以是非长方形(体)的,甚至可以具有曲边或曲面;

(2)除整体坐标系外,将针对每个单元引入辅助或参考坐标系;

(3)参考坐标的作用是将实际的物理单元映射成标准的参考单元;参考单元在有限元法中称为母单元,它永远是一个正方形或立方体;

(4)等参单元的形函数既用来进行位移场插值,也用来产生单元的几何映射;

(5)等参单元的形函数将不再用整体坐标描述,而是参考坐标的函数:结合结点自由度,通过形函数插值可表示单元上的位移;结合结点的整体坐标,通过形函数可表示单元内任意点在整体坐标系中的位置。

除了等参元,还有超参元和亚参元,它们根据位移插值与坐标映射的关系予以分类。

假定位移插值为

$$\{u \quad v \quad w\}^{\mathrm{T}} = [N]\{d\} \tag{6.1-1}$$

式中,$\{u \quad v \quad w\}^{\mathrm{T}}$ 为位移场的三个分量,$[N]$ 为形函数矩阵,$\{d\}$ 为单元上结点的位移分量列阵。

再假定坐标映射具有如下关系

$$\{x \quad y \quad z\}^{\mathrm{T}} = [\tilde{N}]\{c\} \tag{6.1-2}$$

式中,$\{x \quad y \quad z\}^{\mathrm{T}}$ 为单元上任一点的整体坐标,$[\tilde{N}]$ 为映射函数矩阵,$\{c\}$ 为单元上结点的整体坐标分量列阵。

如果 $[N]$ 与 $[\tilde{N}]$ 相同,则称该单元为等参元;如果 $[N]$ 比 $[\tilde{N}]$ 阶数低,即位移插值的结点数少于坐标映射所用的结点数,则该单元称为超参元;如果 $[N]$ 比 $[\tilde{N}]$ 阶数高,即位移插值的结点数多于坐标映射所用的结点数,则该单元称为亚参元。

实际中,由于单元的几何形状一般比较简单,而为了使单元上的物理场插值具有更高的精度,常常用于位移插值的结点多于用于描述单元几何映射的结点,所以大多单元都是亚参元。但是,亚参元往往可通过等参元结点的特殊布局转化而来,因而我们把讲解的重点放在等参元。

等参元的发展经过了两个主要阶段:1958 年,Taig 首次建立了四结点平面单元的等参元公式;1966 年,Irons 公开发表相关论文,提出曲边等参元,他本人也因等参元而享誉学术界。

6.1.2　等参元的简单实例

下面举一个杆单元(杆元)的例子。我们经常使用杆单元这么简单的例子,是因为它既简单、又典型,还能说明问题,可以说是麻雀虽小、五脏俱全。虽然杆元的实际应用价值有限,但足以用来展示等参元的如下特性和本质。

(1)如图 6.1－1 所示的杆元,除端部的两个结点外,中间还有一个结点,可以在物理单元的中心,也可以不在。

(2)参考坐标 ξ 是一个自然或本征坐标,它依附于杆、沿着杆的轴向,与杆在整体坐标中的取向无关。

(3)杆两个端点处的结点(即 1 和 3)的参考坐标永远是－1 和 1,无论杆的实际长度 L 有多大或多小;结点 2 则永远位于参考单元的中心,其参考坐标为 0。因而,参考坐标是量纲为一的,而且结点的参考坐标值是不变的。

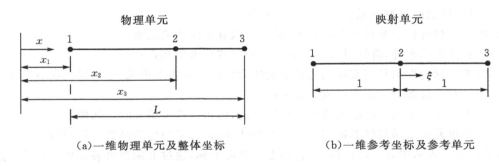

（a）一维物理单元及整体坐标　　　　　　（b）一维参考坐标及参考单元

图 6.1－1　杆元及其等参变换

由于既有 3 个结点坐标,又有 3 个轴向的结点自由度,这是等参元,而非亚参元或超参元。这样,单元上任一点的整体坐标和位移可用参考坐标分别表示为

$$\begin{cases} x = \begin{bmatrix} 1 & \xi & \xi^2 \end{bmatrix} \begin{Bmatrix} a_1 \\ a_2 \\ a_3 \end{Bmatrix} \\ u = \begin{bmatrix} 1 & \xi & \xi^2 \end{bmatrix} \begin{Bmatrix} a_4 \\ a_5 \\ a_6 \end{Bmatrix} \end{cases} \qquad (6.1-3)$$

上述表示采用的是数学上常用的广义坐标或广义自由度形式,改用结点坐标和结点自由度表示,其形式为

$$\begin{cases} x = [N] \begin{Bmatrix} x_1 \\ x_2 \\ x_3 \end{Bmatrix} \\ \\ u = [N] \begin{Bmatrix} u_1 \\ u_2 \\ u_3 \end{Bmatrix} \end{cases} \tag{6.1-4}$$

其中形函数矩阵的形式为

$$[N] = \left\{ \frac{1}{2}(-\xi + \xi^2) \quad 1 - \xi^2 \quad \frac{1}{2}(\xi + \xi^2) \right\} \tag{6.1-5}$$

可以看出,对于一维问题或标量场问题,形函数矩阵退化成了行向量形式。

　　对于这个简单的一维情形,总能想办法得到式(6.1-5)的形函数矩阵。但对于更一般的情形,是否有可遵循的方法构造形函数呢? 形函数在有限元法中扮演着非常重要的角色,有限元法能自成体系的一个显著特点,就是其引入了形函数概念,而且形函数可运用多种策略独立构造而成。

6.1.3　形函数的构造

　　第 3 章在提出形函数概念的同时,实际上已给出了形函数的一种计算方法,只是以整体坐标形式而已,原则上只需将整体坐标换成参考坐标即可。但需要强调的是,二者表示的实际内涵完全不同:整体坐标是随单元的形状、在坐标系中的取向等因素而变化的;而参考坐标是固定不变的、独立于单元的形状和取向。

　　本节介绍四种构造形函数的方法,在第 7 章还将针对三角形和四面体单元介绍几种方法,也适用于本章讲解的某些四边形和六面体单元。

　　方法一:遵循以下步骤,根据定义求出形函数。

　　以坐标映射为例推导形函数,此时用广义坐标表示的坐标映射为(6.1-3)之一式,于是,三个结点的整体坐标为

$$\begin{Bmatrix} x_1 \\ x_2 \\ x_3 \end{Bmatrix} = \begin{bmatrix} 1 & -1 & 1 \\ 1 & 0 & 0 \\ 1 & 1 & 1 \end{bmatrix} \begin{Bmatrix} a_1 \\ a_2 \\ a_3 \end{Bmatrix} \tag{6.1-6}$$

从上式中求出广义坐标,代入式(6.1-3),得到

$$x = \{ 1 \quad \xi \quad \xi^2 \} \begin{bmatrix} 1 & -1 & 1 \\ 1 & 0 & 0 \\ 1 & 1 & 1 \end{bmatrix}^{-1} \begin{Bmatrix} x_1 \\ x_2 \\ x_3 \end{Bmatrix} \tag{6.1-7}$$

最终得到形函数为

$$[N] = \{ 1 \quad \xi \quad \xi^2 \} \begin{bmatrix} 1 & -1 & 1 \\ 1 & 0 & 0 \\ 1 & 1 & 1 \end{bmatrix}^{-1} \tag{6.1-8}$$

　　该法的优点是通用性强,适用于任何情形。缺点是对于即使很简单的单元,得出的形函数的形式其规律性不明显;另外,随着单元结点数目的增加,本方法将涉及一个更大规模矩阵的求逆,显然会更加复杂,因而不再实用。

方法二：根据形函数的插值特性构造形函数。

考虑到单元所具有的插值特性及单元的二次特征，我们得到形函数满足的关系为

$$\begin{Bmatrix} 1 \\ \xi \\ \xi^2 \end{Bmatrix} = \begin{bmatrix} 1 & 1 & 1 \\ \xi_1 & \xi_2 & \xi_3 \\ \xi_1^2 & \xi_2^2 & \xi_3^2 \end{bmatrix} [N]^{\mathrm{T}} \qquad (6.1-9)$$

进而得到

$$[N] = \{1 \quad \xi \quad \xi^2\} \begin{bmatrix} 1 & 1 & 1 \\ -1 & 0 & 1 \\ 1 & 0 & 1 \end{bmatrix}^{-\mathrm{T}} \qquad (6.1-10)$$

显然，若交换式(6.1-10)中的求逆和转置运算，与式(6.1-8)则完全相同。

方法二是方法一的变体，它充分利用了形函数的特性，同时显示了形函数的其他性质，在有限元方法研究上更具有意义。

方法三：通过直觉、观察和试凑，构造形函数。

如图6.1-2，该方法分三步：

Step 1，忽略中结点，通过直觉构造两结点单元的形函数。

由于此时变成仅两个结点的情形，很易得到

$$\begin{cases} N_1 = (1-\xi)/2 \\ N_3 = (1+\xi)/2 \end{cases} \Rightarrow \quad N_1 + N_3 = 1 \qquad (6.1-11)$$

Step 2，通过观察，猜测中结点处的形函数。

由于中点处为1，两个端点处为0，经观察得到中结点处的形函数为

$$N_2 = 1 - \xi^2 \qquad (6.1-12)$$

Step 3，通过试凑，形成各结点的最终形函数。

由于需要 $N_1 + N_2 + N_3 = 1$，而已经有 $N_1 + N_3 = 1$，所以，因 N_2 的介入，N_1 和 N_3 的最终形式需做如下修改：

$$\begin{cases} N_1 \leftarrow N_1 - N_2/2 \\ N_3 \leftarrow N_3 - N_2/2 \end{cases} \Rightarrow \quad N_1 + N_2 + N_3 = 1 \qquad (6.1-13)$$

该法运用了中结点单元形函数与无中结点单元形函数间的关系，对由于增加结点进阶或由于减少结点降阶这类单元形函数的构造和改进都有指导作用。另外，与方法一和方法二不同，该法是逐个形函数单独进行构造的。

映射单元

图6.1-2　三结点一维参考单元

方法四：采用拉格朗日插值法直接构造形函数。

Lagrange插值具有在本结点插值为1，其余点为零的特征，刚好与形函数具有的插值特性一致，可以予以借用，即

$$N_i = \frac{\prod\limits_{j=1,j\neq i}^{n}(\xi - \xi_j)}{\prod\limits_{j=1,j\neq i}^{n}(\xi_i - \xi_j)} \qquad (6.1-14)$$

对于完备的多项式插值,可以证明,Lagrange 插值决定了其具有形函数所需要的单位分解特性,即式(6.1-14)必然满足

$$\sum_i N_i = 1 \qquad (6.1-15)$$

该法具有较完美的函数形式,但只适用于 Lagrange 型单元。

需要说明的是,单元的形函数是唯一的,不论何种方法构造,正确的形函数是完全等同的。

6.1.4　等参元单元的应变矩阵、单元刚度

按定义,等参单元的应变为

$$\varepsilon_x = \frac{\mathrm{d}u}{\mathrm{d}x} = \left(\frac{\mathrm{d}}{\mathrm{d}x}[N]\right)\begin{Bmatrix}u_1\\u_2\\u_3\end{Bmatrix} = [B]\begin{Bmatrix}u_1\\u_2\\u_3\end{Bmatrix} \qquad (6.1-16)$$

但是,由于形函数现在是参考坐标的函数,因而微分必须运用链式法则进行,即

$$\frac{\mathrm{d}}{\mathrm{d}x} = \frac{\mathrm{d}\xi}{\mathrm{d}x}\frac{\mathrm{d}}{\mathrm{d}\xi} \qquad (6.1-17)$$

引入雅可比(Jacobi)值

$$J = \frac{\mathrm{d}x}{\mathrm{d}\xi} = \frac{\mathrm{d}}{\mathrm{d}\xi}[N]\begin{Bmatrix}x_1\\x_2\\x_3\end{Bmatrix} = \left\{\frac{1}{2}(-1+2\xi) \quad -2\xi \quad \frac{1}{2}(1+2\xi)\right\}\begin{Bmatrix}x_1\\x_2\\x_3\end{Bmatrix} \qquad (6.1-18)$$

于是,应变矩阵变为

$$[B] = \frac{1}{J}\frac{\mathrm{d}}{\mathrm{d}\xi}[N] = \frac{1}{J}\left\{\frac{1}{2}(-1+2\xi) \quad -2\xi \quad \frac{1}{2}(1+2\xi)\right\} \qquad (6.1-19)$$

这样,单元刚度矩阵就成为

$$[k] = \int_0^L [B]^{\mathrm{T}}E[B]A\,\mathrm{d}x = \int_{-1}^1 [B]^{\mathrm{T}}AE[B]J\,\mathrm{d}\xi \qquad (6.1-20)$$

可以看出,等参单元的应变和刚度中都引入了整体坐标和参考坐标间变换的 Jacobi 值 J,这是等参元的特征。对于后续章节讲解的二维和三维单元,等参元的特征是涉及到两个多维坐标系之间变换的 Jacobi 矩阵。

6.2　双线性四边形单元——Q4

6.2.1　二维问题参考坐标和参考单元的特征

本节的讲解将去除第 4 章中 R4 单元的矩形(长方形)限制,因而适用于任意四边形(Q4)单元。需要强调的是,本节讨论的等参四边形单元,由于只关注其形状上的改变,Q4 单元仍然具有 R4 单元所具有的其他优缺点(例如剪切锁定等)。

参看图 6.2-1(a),Q4 等参单元的参考坐标在物理单元上具有如下特征:

（1）物理单元的边分别为参考单元的四条边，即四条边的参考坐标分别为 $\xi=\pm1$ 或 $\eta=\pm1$；

（2）在物理单元中，参考坐标所表示的参考坐标轴（直线）并不正交；

（3）物理单元的边被参考坐标轴等分；

（4）参考单元的原点 $\xi=\eta=0$ 是物理单元的名义中心，不一定是物理单元的重心。

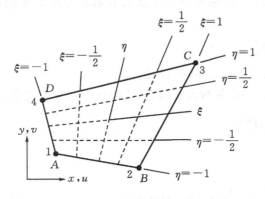
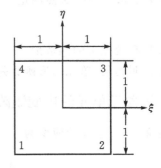

（a）物理单元及参考坐标　　　　　　　　（b）参考单元及参考坐标

图 6.2-1　Q4 单元及其参考单元

参看图 6.2-1(b)，Q4 等参单元的参考坐标和参考单元具有如下特征：

（1）参考坐标轴永远正交；

（2）参考单元的大小不因物理单元而变，边永远为 2 个单位；

（3）参考坐标可认为是一种参数。

于是就产生这样一个问题：物理单元中的一条直线（例如与坐标轴平行的直线 $x=c$ 或 $y=c$）在参考单元中会不会是直线呢？或者，直线会不会在两个坐标系间相互映射呢？答案是否定的，这就是我们又把 Q4 单元称为双线性（实际是非线性）单元的原因，但参考单元上与参考坐标平行的直线（即 $\xi=c$ 或 $\eta=c$）在物理单元上将映射成直线。有兴趣的读者可自行予以证明。

6.2.2　Q4 单元的形函数

Q4 单元的位移场用参考坐标可表示为

$$u = a_1 + a_2\xi + a_3\eta + a_4\xi\eta \tag{6.2-1}$$

用形函数表示即为

$$\begin{Bmatrix} u \\ v \end{Bmatrix} = \begin{Bmatrix} \sum N_i u_i \\ \sum N_i v_i \end{Bmatrix} = [N]\{d\} \tag{6.2-2}$$

式中，$\{d\}$ 为单元的结点位移列阵。

对于等参单元，坐标变换为

$$\begin{Bmatrix} x \\ y \end{Bmatrix} = \begin{Bmatrix} \sum N_i x_i \\ \sum N_i y_i \end{Bmatrix} = [N]\{c\} \tag{6.2-3}$$

式中，$\{c\}$ 为单元的结点坐标列阵。

比较参考单元与第 3 章矩形单元发现,在第 3 章 R4 单元的形函数中若令 $a=1$、$b=1$、$x=\xi$ 和 $y=\eta$,即可得 Q4 单元的形函数为

$$\begin{cases} N_1 = \dfrac{1}{4}(1-\xi)(1-\eta) \\[2mm] N_2 = \dfrac{1}{4}(1+\xi)(1-\eta) \\[2mm] N_3 = \dfrac{1}{4}(1+\xi)(1+\eta) \\[2mm] N_4 = \dfrac{1}{4}(1-\xi)(1+\eta) \end{cases} \tag{6.2-4}$$

可以验证:形函数满足插值特性

$$N_i(\xi_j, \eta_j) = \delta_{ij} \tag{6.2-5}$$

这里需要说明的是:①参考坐标在整体坐标中的取向由形函数及单元的结点编号顺序决定;②结点顺序必须是逆时针的,即可以是 $1-2-3-4$,也可以是 $4-1-2-3$ 这样的顺序进行轮换;③在(6.2-4)式的形函数下,物理单元的结点顺序在参考单元中永远保持不变,否则会映射出不恰当甚至错误的单元几何形状。

6.2.3　二维等参单元的坐标变换

在等参单元中,所有函数都是以参考坐标形式表示的,但物理问题本身涉及的运算(例如应变中的求导)则是关于整体坐标进行的。因而,必须涉及坐标变换问题。

例如,对于场函数 $\phi = \phi(\xi, \eta)$,根据链式法则,其导数为

$$\begin{aligned} \frac{\partial \phi}{\partial \xi} &\triangleq \frac{\partial \phi}{\partial x}\frac{\partial x}{\partial \xi} + \frac{\partial \phi}{\partial y}\frac{\partial y}{\partial \xi} \\ \frac{\partial \phi}{\partial \eta} &\triangleq \frac{\partial \phi}{\partial x}\frac{\partial x}{\partial \eta} + \frac{\partial \phi}{\partial y}\frac{\partial y}{\partial \eta} \end{aligned} \tag{6.2-6}$$

写成矩阵形式为

$$\begin{Bmatrix} \phi_{,\xi} \\ \phi_{,\eta} \end{Bmatrix} \triangleq [J] \begin{Bmatrix} \phi_{,x} \\ \phi_{,y} \end{Bmatrix} \tag{6.2-7}$$

其中 Jacobi 矩阵为

$$[J] = \begin{bmatrix} x_{,\xi} & y_{,\xi} \\ x_{,\eta} & y_{,\eta} \end{bmatrix} = \begin{bmatrix} \sum N_{i,\xi}x_i & \sum N_{i,\xi}y_i \\ \sum N_{i,\eta}x_i & \sum N_{i,\eta}y_i \end{bmatrix} \tag{6.2-8}$$

对于 Q4(双线性)单元,具体为

$$[J] = \frac{1}{4}\begin{bmatrix} -(1-\eta) & (1-\eta) & (1+\eta) & -(1+\eta) \\ -(1-\xi) & -(1+\xi) & (1+\xi) & (1-\xi) \end{bmatrix} \begin{bmatrix} x_1 & y_1 \\ x_2 & y_2 \\ x_3 & y_3 \\ x_4 & y_4 \end{bmatrix} \tag{6.2-9}$$

$$\triangleq \begin{bmatrix} J_{11} & J_{12} \\ J_{21} & J_{22} \end{bmatrix}$$

由(6.2-7)得

$$\begin{Bmatrix} \phi_{,x} \\ \phi_{,y} \end{Bmatrix} = [\Gamma] \begin{Bmatrix} \phi_{,\xi} \\ \phi_{,\eta} \end{Bmatrix} \qquad (6.2-10)$$

其中

$$[\Gamma] = \begin{bmatrix} \Gamma_{11} & \Gamma_{12} \\ \Gamma_{21} & \Gamma_{22} \end{bmatrix} = [J]^{-1} = \frac{1}{J} \begin{bmatrix} J_{22} & -J_{12} \\ -J_{21} & J_{11} \end{bmatrix} \qquad (6.2-11)$$

而

$$J = \det[J] = J_{11}J_{22} - J_{21}J_{12} \qquad (6.2-12)$$

6.2.4　Q4 单元的应变矩阵和刚度矩阵

根据应变矩阵的定义,可分四步计算 Q4 单元的应变矩阵。

Step 1:给出应变和位移梯度的关系

在标量场问题中,一般只涉及场量的梯度。二维结构分析属向量场问题,其应变是位移梯度的组合,即

$$\{\varepsilon\} = \begin{Bmatrix} \varepsilon_x \\ \varepsilon_y \\ \gamma_{xy} \end{Bmatrix} = \begin{bmatrix} 1 & 0 & 0 & 0 \\ 0 & 0 & 0 & 1 \\ 0 & 1 & 1 & 0 \end{bmatrix} \begin{Bmatrix} u_{,x} \\ u_{,y} \\ v_{,x} \\ v_{,y} \end{Bmatrix} \qquad (6.2-13)$$

Step 2:求关于整体坐标与参考坐标位移梯度间的变换,即

$$\begin{Bmatrix} u_{,x} \\ u_{,y} \\ v_{,x} \\ v_{,y} \end{Bmatrix} = \begin{bmatrix} \Gamma_{11} & \Gamma_{12} & 0 & 0 \\ \Gamma_{21} & \Gamma_{22} & 0 & 0 \\ 0 & 0 & \Gamma_{11} & \Gamma_{12} \\ 0 & 0 & \Gamma_{21} & \Gamma_{22} \end{bmatrix} \begin{Bmatrix} u_{,\xi} \\ u_{,\eta} \\ v_{,\xi} \\ v_{,\eta} \end{Bmatrix} \qquad (6.2-14)$$

Step 3:求参考坐标系下位移梯度与结点自由度间的关系,即

$$\begin{Bmatrix} u_{,\xi} \\ u_{,\eta} \\ v_{,\xi} \\ v_{,\eta} \end{Bmatrix} = \begin{bmatrix} N_{1,\xi} & 0 & N_{2,\xi} & 0 & N_{3,\xi} & 0 & N_{4,\xi} & 0 \\ N_{1,\eta} & 0 & N_{2,\eta} & 0 & N_{3,\eta} & 0 & N_{4,\eta} & 0 \\ 0 & N_{1,\xi} & 0 & N_{2,\xi} & 0 & N_{3,\xi} & 0 & N_{4,\xi} \\ 0 & N_{1,\eta} & 0 & N_{2,\eta} & 0 & N_{3,\eta} & 0 & N_{4,\eta} \end{bmatrix} \{d\}_{(8\times1)} \qquad (6.2-15)$$

Step4:求最终的应变矩阵。

根据定义,应变矩阵 $[B]$ 为上述 Step1~3 中三个系数矩阵的乘积。

求出应变矩阵后,单元刚度矩阵就可由下式计算:

$$\begin{aligned} [k]_{8\times8} &= \iint [B]_{8\times3}^{\mathrm{T}} [E]_{3\times3} [B]_{3\times8} t\mathrm{d}x\mathrm{d}y \\ &= \int_{-1}^{1} \int_{-1}^{1} [B]_{8\times3}^{\mathrm{T}} [E]_{3\times3} [B]_{3\times8} tJ\,\mathrm{d}\xi\mathrm{d}\eta \end{aligned} \qquad (6.2-16)$$

如果厚度 t 是变化的,则任意点处的厚度,亦可由结点处的厚度 t_i,通过形函数插值得到,即

$$t = \sum N_i t_i \qquad (6.2-17)$$

对于 Q4 等参单元,进行如下 4 点说明:

(1)从参考单元的左下角开始,物理单元的结点编号如 6.2-1(a)可以是 A—B—C—D,

B−C−D−A,C−D−A−B 或 D−A−B−C,但单元局部编号永远只能是 1−2−3−4。

(2)当使用形函数时,在参考单元中,必须保持这种顺序,而且是逆时针的,以保证 Jacobi 值 J 在单元的部分(例如积分点处)和整体上保持为正。

(3)物理单元中结点顺序的变化,仅影响单元刚度中各元素的放置位置,而不影响元素的大小,更不影响它最终装配到总体刚度矩阵中的位置及大小。

(4)由于整体坐标与参考坐标间需要变换,单元刚度矩阵中的被积函数一般将是分子和分母都含有参考坐标的有理函数,常常采用数值途径求积更为方便,而不再刻意去寻求其精确积分。当然这样做还出于其他原因,例如考虑与方法的数值性保持一致、对特殊问题施行缩减积分等,以为他用提供技术储备。

6.2.5　刚度矩阵的数值计算——求积

对于诸如热传导问题等标量场,场变量为温度,其梯度矩阵就为[B]矩阵,6.2.4 节的讨论经简化得到

$$\left\{\begin{matrix} \phi_{,x} \\ \phi_{,y} \end{matrix}\right\} = [B]\left\{\begin{matrix} \phi_1 \\ \phi_2 \\ \phi_3 \\ \phi_4 \end{matrix}\right\} \tag{6.2-18a}$$

其中

$$[B] = \begin{bmatrix} \Gamma_{11} & \Gamma_{12} \\ \Gamma_{21} & \Gamma_{22} \end{bmatrix}\begin{bmatrix} N_{1,\xi} & N_{2,\xi} & N_{3,\xi} & N_{4,\xi} \\ N_{1,\eta} & N_{2,\eta} & N_{3,\eta} & N_{4,\eta} \end{bmatrix} \tag{6.2-18b}$$

这样,刚度矩阵为

$$\begin{aligned} [k]_{4\times4} &= \iint [B]_{4\times2}^{\mathrm{T}}\,[\kappa]_{2\times2}\,[B]_{2\times4}\,t\mathrm{d}x\mathrm{d}y \\ &= \int_{-1}^{1}\int_{-1}^{1} [B]_{4\times2}^{\mathrm{T}}\,[\kappa]_{2\times2}\,[B]_{2\times4}\,tJ\,\mathrm{d}\xi\mathrm{d}\eta \end{aligned} \tag{6.2-19}$$

式中,[κ]是一个 2×2 的材料热传导系数矩阵。

二维向量场问题的刚度矩阵如式(6.2-16),形式与式(6.2-19)类似,只不过元素更多。本小节讲解对其中各元素的具体计算。如上小节最后提到的,刚度矩阵各元素的计算需要数值求积。

求积是对数值积分的一种统称,目前已发展了许多求积法则,但都具有以下相同的基本思想:

- 先计算在特定点处的函数值;
- 再乘以恰当的权系数;
- 最后相加,得到积分值。

本节仅讨论 Gauss 求积,它在形成单元矩阵时最为常用;另一方面,在引入参考坐标和参考单元时,也正为此处使用 Gauss 求积做好了铺垫。

Gauss 求积法则中的求积点和权系数使得多项式型被积函数的求积结果具有最高的代数计算精度。因而,对于给定的精度要求,Gauss 求积法则比其他求积法则需要更少的求积点。另外,Gauss 求积的求积点位置及权系数不因被积函数的不同而发生变化,这是它较其他求积

法则的显著特点。

对于一维积分问题

$$I = \int_{x_1}^{x_2} f(x)\,\mathrm{d}x \tag{6.2-20}$$

首先引入以两端点为结点的单元坐标变换

$$x = (1-\xi)x_1/2 + (1+\xi)x_2/2 \tag{6.2-21}$$

再将其转化成如图 6.2-2 所示的标准 Gauss 积分型

$$I = \int_{-1}^{1} \phi(\xi)\,\mathrm{d}\xi \tag{6.2-22}$$

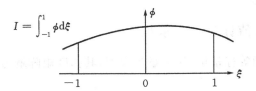

图 6.2-2　标准 Gauss 积分型图示

可以看出,等参单元的刚度矩阵式(6.2-16)和式(6.2-19)实际已成为标准的 Gauss 积分型。

一维的 Gauss 求积法则为

$$I = \int_{-1}^{1} \phi\,\mathrm{d}\xi \approx W_1\phi_1 + W_2\phi_2 + \cdots + W_n\phi_n \tag{6.2-23}$$

图 6.2-3(a)、(b)、(c)分别为 1、2、3 点 Gauss 积分的求积点位置分布及计算公式,求积点的坐标和相应的权系数值列于表 6.2-1 中。

表 6.2-1　一维 Gauss 求积的积分点位置及权系数

积分阶次 n	精度阶次	求积点位置 ξ_i	权系数 W_i
1	1	0	2
2	3	$\pm 0.57735\ 02691\ 89626 = \pm 1/\sqrt{3}$	1
3	5	$\pm 0.77459\ 66692\ 41483 = \pm\sqrt{0.6}$	$0.55555\ 55555\ 55555 = 5/9$
		0	$0.88888\ 88888\ 88888 = 8/9$

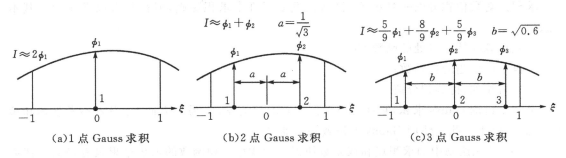

(a)1 点 Gauss 求积　　　(b)2 点 Gauss 求积　　　(c)3 点 Gauss 求积

图 6.2-3　不同点 Gauss 求积法则图示

实际使用时可选择 1 点、2 点或 3 点 Gauss 积分;表 6.2-1 中的精度阶次是指精确积分所能达到的最高多项式次数,即代数精度,等于 $2n-1$;更高阶的 Gauss 求积参数(求积点位置及权系数)可参阅文献,但在有限元法中并不常用;Gauss 求积点的坐标位置又称为 Gauss-Legendre 系数,它们恰巧是相应阶勒让德(Legendre)多项式的零点坐标。

参考图 6.2-4,由于正方形参考单元上的求积可分离成两个一维的 Gauss 求积,相应的二维 Gauss 求积为

$$I = \int_{-1}^{1} \int_{-1}^{1} \phi(\xi,\eta) \mathrm{d}\xi \mathrm{d}\eta \approx \int_{-1}^{1} \Big[\sum_i W_i \phi(\xi_i,\eta) \Big] \mathrm{d}\eta$$
$$\approx \sum_j W_j \Big[\sum_i W_i \phi(\xi_i,\eta_j) \Big] \approx \sum_i \sum_j W_i W_j \phi(\xi_i,\eta_j) \tag{6.2-24}$$

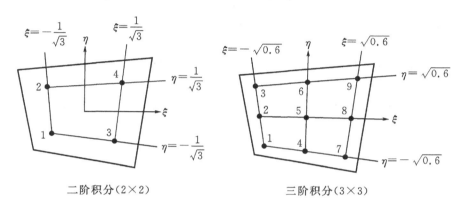

二阶积分(2×2)　　　　三阶积分(3×3)

图 6.2-4　二维 Gauss 积分法则图示

同法可得三维 Gauss 求积为

$$I = \int_{-1}^{1} \int_{-1}^{1} \int_{-1}^{1} \phi(\xi,\eta,\zeta) \mathrm{d}\xi \mathrm{d}\eta \mathrm{d}\zeta \approx \sum_i \sum_j \sum_k W_i W_j W_k \phi(\xi_i,\eta_j,\zeta_k) \tag{6.2-25}$$

理论研究表明,二、三维 Gauss 求积还可不通过分离成多个一维求积得到,例如对于三维问题,还常用 14 点求积技术,即

$$I = \int_{-1}^{1} \int_{-1}^{1} \int_{-1}^{1} \phi(\xi,\eta,\zeta) \mathrm{d}\xi \mathrm{d}\eta \mathrm{d}\zeta \approx \sum_{l=1}^{14} W_l \phi(\xi_l,\eta_l,\zeta_l) \tag{6.2-26}$$

有兴趣的读者可查阅文献得到相应 14 个求积点的坐标和权系数值。

6.2.6　刚度矩阵的计算

刚度矩阵的计算是借助于计算机编程实现的,以二维问题为例,其遵循如下步骤:

Start:对存放刚度矩阵元素的矩阵(例如 KE)置零。

Loop 1 开始:对 ξ 方向的 Gauss 点进行循环($i=1$ to n_i):

置求积点的位置 $\xi = \xi_i$ 和相应的权系数 W_i。

Loop 2 开始:对 η 方向的 Gauss 点进行循环($j=1$ to n_j):

置求积点的位置 $\eta = \eta_j$ 和相应的权系数 W_j。

调用"形函数子程序"计算 $[B]$,t 和 J。

计算 $[B]^{\mathrm{T}}[E][B]tJW_iW_j$,并增加到 KE 中。

Loop 2 结束：η 方向循环结束。

Loop 1 结束：ξ 方向循环结束。

End：刚度矩阵求解结束。

主控程序调用"形函数子程序"使其获得求积点的坐标值（ξ_i，ξ_j），然后在该处进行以下运算：

(1)计算形函数值及其导数值；

(2)若必要，计算厚度值 t；

(3)计算 Jacobi 矩阵及行列式值 J；

(4)计算应变位移矩阵 $[B]$。

刚度矩阵的计算是有限元分析的基础，特作如下说明：

(1)"形函数子程序"需多次调用，矩阵的乘积也要多次进行，这些恰恰利用了计算机的优势。

(2)可利用刚度矩阵的对称性节省单元刚度的计算量及存贮需求，但这种精打细算与程序设计所带来的复杂度相比，其优势可以忽略不计。

(3)除了长方形或长方体单元，一般被积函数都是参考坐标的有理函数，不易得到精确积分。通过增加求积阶次，可提高数值积分精度。

(4)使用较低阶次可节省时间，使用较高阶次可获得更高精度，二者之间的优劣，不能一概而论。

(5)阶次过低或过高还会出现其他问题，这里不展开叙述。需要强调的是，积分精度与单元精度是两个不同的概念、并不等同。

(6)Gauss 求积最常用，但对一些特殊需求，其他求积法则也许更方便或适合。

(7)弹性矩阵 $[E]$ 可以是各向异性的，也可以是随坐标变化（非均匀）的，但处理方法类似。

6.3 二次四边形单元——Q8 和 Q9

在 Q4 单元的每条边上各增加一个结点，就得到 8 结点四边形（Q8）单元。图 6.3-1 所示分别为两种典型的实际 Q8 单元，图 6.3-2 为它们的母单元。

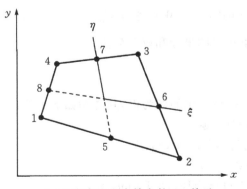
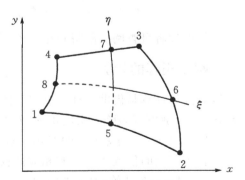

(a)具有直边和中结点的 Q8 单元　　　　　(b)具有曲边和非中点结点的 Q8 单元

图 6.3-1 两种典型的 Q8 单元

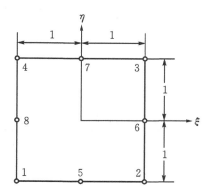

图 6.3－2　Q8 单元的母单元(仍然是以边长为 2 个单位的正方形)

Q8 单元的形函数可从 R8 单元、经参考坐标代替物理坐标直接形成。还可用上节介绍的方法。例如,用知觉－观察－试凑的方法可得

$$
\begin{cases}
N_1 = \dfrac{1}{4}(1-\xi)(1-\eta) - \dfrac{1}{2}(N_8 + N_5) & N_5 = \dfrac{1}{2}(1-\xi^2)(1-\eta) \\[2mm]
N_2 = \dfrac{1}{4}(1+\xi)(1-\eta) - \dfrac{1}{2}(N_5 + N_6) & N_6 = \dfrac{1}{2}(1+\xi)(1-\eta^2) \\[2mm]
N_3 = \dfrac{1}{4}(1+\xi)(1+\eta) - \dfrac{1}{2}(N_6 + N_7) & N_7 = \dfrac{1}{2}(1-\xi^2)(1+\eta) \\[2mm]
N_4 = \dfrac{1}{4}(1-\xi)(1+\eta) - \dfrac{1}{2}(N_7 + N_8) & N_8 = \dfrac{1}{2}(1-\xi)(1-\eta^2)
\end{cases}
\tag{6.3-1}
$$

Q8 单元是一种"天缘"(Serendipity)单元,位移插值用广义自由度表示则为

$$
\begin{cases}
u = a_1 + a_2\xi + a_3\eta + a_4\xi^2 + a_5\xi\eta + a_6\eta^2 + a_7\xi^2\eta + a_8\xi\eta^2 \\[1mm]
v = a_9 + a_{10}\xi + a_{11}\eta + a_{12}\xi^2 + a_{13}\xi\eta + a_{14}\eta^2 + a_{15}\xi^2\eta + a_{16}\xi\eta^2
\end{cases}
\tag{6.3-2}
$$

在参考坐标系中,这种插值具有完备的二次项,但三次项只有 2 项、不完备(离完备所需的 4 项差 2 项)。

在 Q8 单元的中心 $\xi = \eta = 0$ 处再增加一个结点,就形成 Lagrange 型 9 结点(Q9)单元。

参考图 6.3－3,由于属于 Lagrange 单元,Q9 单元的形函数可由一维 Lagrange 型插值在

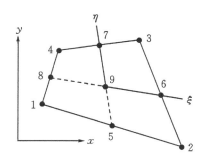

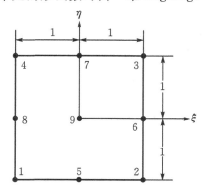

(a)Q9 单元　　　　　　　　　　　(b)Q9 单元的参考单元

图 6.3－3　Q9 单元及其参考单元

两个方向相乘而得,也可通过知觉—观察—试凑的方法得到,其中第9结点的形函数为气泡函数

$$N_9 = (1-\xi^2)(1-\eta^2) \tag{6.3-3}$$

增加新结点后,形函数的变化应该考虑在新结点处取值的要求。例如,$N_5 \sim N_8$ 为 $1/2$,$N_1 \sim N_4$ 为 $1/4$。这样,Q9 单元的形函数最后如表 6.3-1 所示。

表 6.3-1　4~9 结点四边形等参单元的形函数及其关系

	单元的结点数				
	5 结点	6 结点	7 结点	8 结点	9 结点
$N_1 = \frac{1}{4}(1-\xi)(1-\eta)$	$-\frac{1}{2}N_5$			$-\frac{1}{2}N_8$	$-\frac{1}{4}N_9$
$N_2 = \frac{1}{4}(1+\xi)(1-\eta)$	$-\frac{1}{2}N_5$	$-\frac{1}{2}N_6$			$-\frac{1}{4}N_9$
$N_3 = \frac{1}{4}(1+\xi)(1+\eta)$		$-\frac{1}{2}N_6$	$-\frac{1}{2}N_7$		$-\frac{1}{4}N_9$
$N_4 = \frac{1}{4}(1-\xi)(1+\eta)$			$-\frac{1}{2}N_7$	$-\frac{1}{2}N_8$	$-\frac{1}{4}N_9$
$N_5 = \frac{1}{2}(1-\xi^2)(1-\eta)$					$-\frac{1}{2}N_9$
$N_6 = \frac{1}{2}(1+\xi)(1-\eta^2)$					$-\frac{1}{2}N_9$
$N_7 = \frac{1}{2}(1-\xi^2)(1+\eta)$					$-\frac{1}{2}N_9$
$N_8 = \frac{1}{2}(1-\xi)(1-\eta^2)$					$-\frac{1}{2}N_9$
$N_9 = (1-\xi^2)(1-\eta^2)$					

表 6.3-1 适合于 4~9 结点的任意四边形单元,不论单元的结点是增加或减少。结点数为 5、6、7 的单元一般只用来从 Q4 单元到 Q8(或 Q9)单元的过渡,理论上并不单独研究这些单元,而是将其看成是 Q8 单元在特殊变形约束下的退化,例如 7 结点单元,可看成是具有位移约束 $u_8 = (u_4 + u_1)/2$ 的 Q8 单元。

Q8 和 Q9 单元是 Q4 单元在结点增加后形成的单元,因而 Q4 单元的所有公式对 Q8 和 Q9 单元都适用,只是将单元自由度数目相应增加就可。

值得一提的是,Q9 单元的几何形状已由边界上的 8 个结点确定,若仅为了提高插值精度、并保持几何退化上的一致性,第 9 个结点的位置不需再额外指定,而由前 8 个结点的位置计算得到

$$\begin{cases} x_9 = \frac{1}{2}(x_5 + x_6 + x_7 + x_8) - \frac{1}{4}(x_1 + x_2 + x_3 + x_4) \\ y_9 = \frac{1}{2}(y_5 + y_6 + y_7 + y_8) - \frac{1}{4}(y_1 + y_2 + y_3 + y_4) \end{cases} \tag{6.3-4}$$

Q8 单元仅为矩形时,能精确表示纯弯曲状态;而 Q9 单元在非矩形时就可做到这一点,但单元的边必须是直边、边结点必须在边的中点处。

一般地,等参单元的计算精度因单元形状偏离紧凑形和矩形而降低,紧凑型是指单元的边是直边、边结点是边中点的四边形。由于 Q9 单元比 Q8 单元的形函数在描述二次变化能力上更具潜力,因而 Q9 单元比 Q8 单元对单元形状是否矩形、是否曲边、边结点是否偏离中结点等因素较不敏感。

由于形函数具有最高二次的完备阶次,Q8 和 Q9 一般被含糊地都称为二次单元。但这并不表明它们实际就具有二次插值精度,还与单元的实际形状有关,也就是说与几何映射有关系。插值精度最终是用插值函数(形函数)中整体坐标(x, y)的完备多项式来衡量的,而非参考坐标(ξ, η)。

6.4 六面体等参单元——H8、H20 和 H27

就像长方体单元由长方形单元通过向第三维延伸得到一样,六面体实体等参元可通过将二维的四边形等参单元直接延伸而形成。图 6.4－1 分别为 Q4 单元经延伸得到的 8 结点六面体(H8)单元和 Q8 单元经延伸得到的 20 结点六面体(H20)单元。它们对应的参考单元的延伸就更直观了。

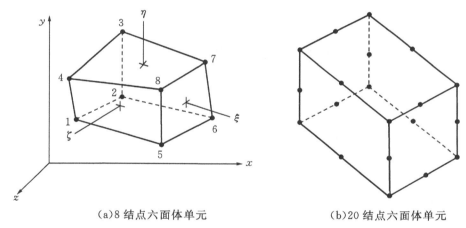

(a)8 结点六面体单元   (b)20 结点六面体单元

图 6.4－1 两种典型的六面体等参单元

对于任意结点数的实体等参单元,坐标变换和位移插值可表示为

$$
\begin{cases}
\begin{Bmatrix} x \\ y \\ z \end{Bmatrix} = \begin{Bmatrix} \sum_i N_i x_i \\ \sum_i N_i y_i \\ \sum_i N_i z_i \end{Bmatrix} \\[6ex]
\begin{Bmatrix} u \\ v \\ w \end{Bmatrix} = \begin{Bmatrix} \sum_i N_i u_i \\ \sum_i N_i v_i \\ \sum_i N_i w_i \end{Bmatrix}
\end{cases} \tag{6.4-1}
$$

与二维对应,此时的 Jacobi 矩阵为

$$[J] = \begin{bmatrix} x_{,\xi} & y_{,\xi} & z_{,\xi} \\ x_{,\eta} & y_{,\eta} & z_{,\eta} \\ x_{,\zeta} & y_{,\zeta} & z_{,\zeta} \end{bmatrix} = \begin{bmatrix} \sum_i N_{i,\xi} x_i & \sum_i N_{i,\xi} y_i & \sum_i N_{i,\xi} z_i \\ \sum_i N_{i,\eta} x_i & \sum_i N_{i,\eta} y_i & \sum_i N_{i,\eta} z_i \\ \sum_i N_{i,\zeta} x_i & \sum_i N_{i,\zeta} y_i & \sum_i N_{i,\zeta} z_i \end{bmatrix} \qquad (6.4-2)$$

6.2.4 节用于应变矩阵 $[B]$ 的推导过程需做相应的变化,例如式(6.2-13)式将变成

$$\begin{Bmatrix} \varepsilon_x \\ \varepsilon_y \\ \varepsilon_z \\ \gamma_{xy} \\ \gamma_{yz} \\ \gamma_{zx} \end{Bmatrix} = \begin{bmatrix} 1 & 0 & 0 & 0 & 0 & 0 & 0 & 0 & 0 \\ 0 & 0 & 0 & 0 & 1 & 0 & 0 & 0 & 0 \\ 0 & 0 & 0 & 0 & 0 & 0 & 0 & 0 & 1 \\ 0 & 1 & 0 & 1 & 0 & 0 & 0 & 0 & 0 \\ 0 & 0 & 0 & 0 & 0 & 1 & 0 & 1 & 0 \\ 0 & 0 & 1 & 0 & 0 & 0 & 1 & 0 & 0 \end{bmatrix} \begin{Bmatrix} u_{,x} \\ u_{,y} \\ u_{,z} \\ v_{,x} \\ \vdots \\ w_{,z} \end{Bmatrix} \qquad (6.4-3)$$

与二维 Q4 单元的双线性插值类似,H8 单元的位移插值是三线性的,用广义自由度表示即为

$$u = a_1 + a_2\xi + a_3\eta + a_4\zeta + a_5\xi\eta + a_6\eta\zeta + a_7\zeta\xi + a_8\xi\eta\zeta \qquad (6.4-4)$$

虽然这个插值中二次、三次项都有,但都不完备。对应的形函数为

$$\begin{cases} N_1 = \dfrac{1}{8}(1-\xi)(1-\eta)(1+\zeta) \\[2mm] N_2 = \dfrac{1}{8}(1-\xi)(1-\eta)(1-\zeta) \\[2mm] N_3 = \dfrac{1}{8}(1-\xi)(1+\eta)(1-\zeta) \\[2mm] \cdots \end{cases} \qquad (6.4-5)$$

单元刚度矩阵相应地变为

$$[k]_{24\times24} = \int_{-1}^{1}\int_{-1}^{1}\int_{-1}^{1} [B]_{24\times6}^{\mathrm{T}} [E]_{6\times6} [B]_{6\times24} J\,\mathrm{d}\xi\mathrm{d}\eta\mathrm{d}\zeta \qquad (6.4-6)$$

与已讲解过的情形相比,刚度矩阵具有这样的规律:

(1)问题的维数从二维变为三维,改变了积分域的维数、弹性矩阵的大小,还改变了单元的结点数目和每个结点的自由度数目、从而改变了单元刚度的规模;

(2)问题维数不变而仅结点数目增加,只增加了单元的总结点数目,因而也改变了单元刚度矩阵的规模。

与 Q8 单元类似,H20 单元的位移插值用广义自由度表示为

$$\begin{aligned} u = &\ a_1 + a_2\xi + a_3\eta + a_4\zeta + a_5\xi^2 + a_6\eta^2 + a_7\zeta^2 + a_8\xi\eta + a_9\eta\zeta + a_{10}\zeta\xi \\ &+ a_{11}\xi^2\eta + a_{12}\xi\eta^2 + a_{13}\eta^2\zeta + a_{14}\eta\zeta^2 + a_{15}\zeta^2\xi + a_{16}\zeta\xi^2 + a_{17}\xi\eta\zeta \\ &+ a_{18}\xi^2\eta\zeta + a_{19}\eta^2\zeta\xi + a_{20}\xi\eta\zeta^2 \end{aligned} \qquad (6.4-7)$$

在参考坐标系下,是二次完备的;三次项虽多达 7 项,但离完备所需的 10 项仍差 3 项;也还有部分四次项。

H20 单元也是一种"天缘"单元,是三维单元中最常用的高阶单元。

还可通过在 H20 单元的 6 个表面中心及体心位置增加结点,形成 27 个结点的 Lagrange 型三维(H27)单元,成为 Q9 单元向第三维经延伸得到的单元。有兴趣的读者可参阅文献对相应内容进行深入学习。

6.5　静凝聚

我们发现,当单元组装形成整体刚度矩阵时,所有的单元自由度和对应的载荷都要进行装配,包括图 6.5－1(a)中 4 个 CST 单元形成的角结点 5 的自由度 u_5 和 v_5、图 6.5－1(b)中 Q9 单元的内结点 9 的自由度 u_9 和 v_9,以及图 6.5－1(c)中改进 6 结点四边形单元(QM6)的非结点自由度 $a_1 \sim a_4$。

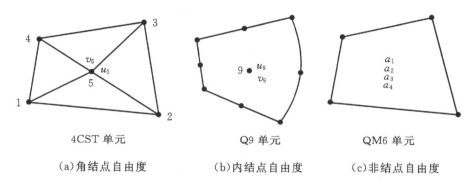

4CST 单元　　　　　　　Q9 单元　　　　　　QM6 单元

(a)角结点自由度　　　(b)内结点自由度　　　(c)非结点自由度

图 6.5－1　将被凝聚掉的自由度及其物理意义

从信息学角度,这些内结点和非结点自由度,在信息传递方面是低效的,因而,它们在实际的组装之前都可以被"凝聚"掉。

凝聚是一种处理技术,它通过改变自由度的顺序及内涵,只将那些位于单元边界上的自由度予以装配,从而减少存贮。

凝聚分为静凝聚与动凝聚。只对涉及静态分析的刚度矩阵进行凝聚,称为静凝聚;除了对刚度矩阵凝聚外,同时还对与惯性有关的质量矩阵进行凝聚,称为动凝聚。

静凝聚可看成是一种特殊形式的子结构化,其步骤如下:

Step 1:将有限元方程进行分块,即将

$$[k]\{d\} = \{r\} \tag{6.5－1}$$

分块成

$$\begin{bmatrix} k_{rr} & k_{rc} \\ k_{cr} & k_{cc} \end{bmatrix} \begin{Bmatrix} d_r \\ d_c \end{Bmatrix} = \begin{Bmatrix} r_r \\ r_c \end{Bmatrix} \tag{6.5－2}$$

其中 $\{d_c\}$ 为待凝聚掉的自由度,$\{d_r\}$ 为剩余自由度,即右下角的矩阵分块将被凝聚。

Step 2:凝聚处理

由式(6.5－2)的第二个方程求出

$$\{d_c\} = -[k_{cc}]^{-1}([k_{cr}]\{d_r\} - \{r_c\}) \tag{6.5－3}$$

再将式(6.5－3)代入式(6.5－2)式的第一个方程,整理后得到

$$[\tilde{k}_r]\{d_r\} = \{\tilde{r}_r\} \tag{6.5－4}$$

其中

$$\begin{cases} [\tilde{k}_{rr}] = [k_{rr}] - [k_{rc}][k_{cc}]^{-1}[k_{cr}] \\ \{\tilde{r}_r\} = \{r_r\} - [k_{rc}][k_{cc}]^{-1}\{r_c\} \end{cases} \qquad (6.5-5)$$

需要说明的是,由于凝聚掉的自由度只占整体矩阵的一部分,在绝大多数情况下 $[k_\alpha]^{-1}$ 是存在的。实际中,可根据需要对任意的结点或自由度进行凝聚处理;需凝聚的自由度放置在式(6.5-2)左端矩阵的右下角只是为了数学公式推导和解释说明的方便,在具体实现上并不必要,而在原位直接运用 Gauss 消去法等就可进行凝聚。凝聚处理技术对两种不同单元的连接提供了途径和理论保障:例如三维梁元每个结点含 3 个平动和 3 个转动共 6 个自由度,与含 3 个平动自由度的三维块体元连接时,将三维梁元的三个转动自由度进行静凝聚,就可实现与三维块体元的无缝连接。

6.6 载荷及应力计算

至此,我们一直关注的是等参单元的刚度矩阵,作为完整的有限元方程,还需探讨相应的等效载荷。

单元等效载荷计算公式已在第 3 章给出,如式(3.3-7)第二式,这是有限元方法等效载荷计算的通用公式。第 3 章已给出了一些常用情形的具体形式,对了解载荷在等效后的分布规律很有帮助。在有限元软件中,只需定义载荷的分布形式和位置,程序就可自动计算出相应的结点等效载荷值。但为了对多种载荷的等效有一个感性认识,加深对常用载荷的计算公式了解,本节介绍二维单元受边分布载荷、三维单元受面分布载荷以及二维单元受体积力或初应力等三种载荷的等效。

6.6.1 二维单元受边分布载荷的等效结点载荷

假定受载荷的边为 $\eta = 1$ 的边,根据式(3.3-7)之二式,三个结点 4—7—3 在 x 和 y 坐标方向的等效载荷计算公式为

$$\underset{6\times 1}{\{r_e\}} = \int_{\eta=1} \begin{bmatrix} N_4 & 0 & N_7 & 0 & N_3 & 0 \\ 0 & N_4 & 0 & N_7 & 0 & N_3 \end{bmatrix}_{\eta=1}^{T} \begin{Bmatrix} \Phi_x \\ \Phi_y \end{Bmatrix} t\,ds \qquad (6.6-1)$$

如图 6.6-1 所示,用已知的切向分布力 τ 和法向分布力 σ 表示整体坐标方向的分布力得到

$$\begin{Bmatrix} \Phi_x \\ \Phi_y \end{Bmatrix} t\,ds = \begin{Bmatrix} \tau t\,ds\cos\beta - \sigma t\,ds\sin\beta \\ \sigma t\,ds\cos\beta + \tau t\,ds\sin\beta \end{Bmatrix} = \begin{Bmatrix} \tau dx - \sigma dy \\ \sigma dx + \tau dy \end{Bmatrix} t \qquad (6.6-2)$$

考虑到 $\eta = 1$ 边上坐标变换为

$$\begin{cases} dx = x_{,\xi}d\xi = J_{11}d\xi \\ dy = y_{,\xi}d\xi = J_{12}d\xi \end{cases} \qquad (6.6-3)$$

最后得到

$$\begin{cases} r_{xi} = \int_{-1}^{1} N_i (\tau J_{11} - \sigma J_{12}) t d\xi \\ r_{yi} = \int_{-1}^{1} N_i (\sigma J_{11} + \tau J_{12}) t d\xi \end{cases} \qquad (6.6-4)$$

其中,i 代表单元 $\eta = 1$ 边上局部结点的编号 4、7 或 3,并将计算的等效载荷组装到相应整体编号的位置。

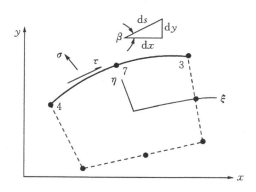

图 6.6 - 1　Q8 单元受边分布载荷情形示意图

6.6.2　三维单元受面分布载荷的等效结点载荷

图 6.6 - 2 为受面分布载荷的情形,假定该面为单元 $\xi = 1$ 的表面,为说明问题,假设该面上仅作用法向载荷 σ。

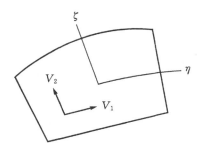

图 6.6 - 2　三维单元受面分布载荷情形示意图

从 6.6.1 节的二维分析可以看出,对于等参单元,计算等效载荷的关键是表示整体坐标方向的载荷分布,这需要计算受载面法向的方向余弦。为此,分两步进行:

Step 1:按以下公式计算面内的两个切向

$$\begin{cases} \boldsymbol{V}_1 = \dfrac{\partial \boldsymbol{V}}{\partial \eta}\mathrm{d}\eta = (x_{,\eta}\boldsymbol{i} + y_{,\eta}\boldsymbol{j} + z_{,\eta}\boldsymbol{k})\mathrm{d}\eta = (J_{21}\boldsymbol{i} + J_{22}\boldsymbol{j} + J_{23}\boldsymbol{k})\mathrm{d}\eta \\[2mm] \boldsymbol{V}_2 = \dfrac{\partial \boldsymbol{V}}{\partial \zeta}\mathrm{d}\zeta = (x_{,\zeta}\boldsymbol{i} + y_{,\zeta}\boldsymbol{j} + z_{,\zeta}\boldsymbol{k})\mathrm{d}\zeta = (J_{31}\boldsymbol{i} + J_{32}\boldsymbol{j} + J_{33}\boldsymbol{k})\mathrm{d}\zeta \end{cases} \tag{6.6 - 5}$$

其中 $\boldsymbol{V}$ 为 $\xi = 1$ 面上点的位置矢量,$\boldsymbol{i}, \boldsymbol{j}, \boldsymbol{k}$ 分别为 x, y, z 方向的单位向量。

Step 2:按以下公式确定法向余弦

$$l\boldsymbol{i} + m\boldsymbol{j} + n\boldsymbol{k} = \frac{\boldsymbol{V}_1 \times \boldsymbol{V}_2}{|\boldsymbol{V}_1 \times \boldsymbol{V}_2|} = \frac{\boldsymbol{V}_1 \times \boldsymbol{V}_2}{\mathrm{d}S} \tag{6.6 - 6}$$

这样,沿表面的法向载荷就转换成沿坐标方向的分布载荷,即

$$\{\boldsymbol{\Phi}\}\mathrm{d}S = \{l \quad m \quad n\}^{\mathrm{T}}\sigma\mathrm{d}S \tag{6.6 - 7}$$

最后得到

$$\left\{\begin{matrix} r_{xi} \\ r_{yi} \\ r_{zi} \end{matrix}\right\} = \int_{-1}^{1}\int_{-1}^{1} N_i\sigma \left\{\begin{matrix} J_{22}J_{33} - J_{23}J_{32} \\ J_{23}J_{31} - J_{21}J_{33} \\ J_{21}J_{32} - J_{22}J_{31} \end{matrix}\right\} \mathrm{d}\eta\mathrm{d}\zeta \qquad (6.6-8)$$

其中，i 代表单元的 $\xi = 1$ 表面上 8 个局部结点的编号之一，并将计算的载荷组装到相应整体编号的位置。

6.6.3　二维单元受体积力和初应力

由式(3.3-7)之二式，体积等效力中体积分布力和初应力贡献的计算公式为

$$\{r_e\} = \int ([N]^{\mathrm{T}}\{F\} - [B]^{\mathrm{T}}\{\sigma_0\})\mathrm{d}V \qquad (6.6-9)$$

由于与刚度矩阵具有相似的形式，即都是进行体积积分，因而可采用相似的计算步骤和流程。例如，用本章介绍的 Gauss 求积，得到

$$\{r_e\} = \sum_i \sum_j ([N]^{\mathrm{T}}\{F\} - [B]^{\mathrm{T}}\{\sigma_0\})tJW_iW_j \qquad (6.6-10)$$

关于初应变量贡献的计算，可仿初应力贡献而得。

6.6.4　应力计算

通过有限元方程，可计算出结点处的位移，借助于形函数插值，可得到各个单元上的位移场。结构分析中最关注的物理量是应力，本小节对此加以讨论。

在单元位移场求得以后，可通过几何关系，计算得到单元上每点的应变分布；再结合本构关系，可计算得出单元上每点的应力分布。

我们看到，这样得到的应力只针对单元，而不言及跨单元的问题。实际上，对有限元结果，有这样三个特点：

(1)虽在单元内可以通过位移的微分计算诸如应变和应力等物理量，但相关的数学定理表明，位移微分后其精度将降低。

(2)在单元之间，这些微分并不一定连续，这就是之所以称为 C^0 类问题的原因；而我们更关心的结点应力尚没有确定。

(3)有限元计算表明，在单元内的 Gauss 求积点处，应力具有最高的计算精度。

我们对结点应力的计算就是鉴于以上特点，特别是第(3)点。

我们采用外推法，从单元内的 Gauss 点应力，计算单元各结点处的应力。如图 6.6-3 所示，假定 P 为单元内的任一点，而且采用的是 2×2 Gauss 求积法则，于是

$$\sigma_P = \sum N_i\sigma_i \qquad (6.6-11)$$

其中，

$$N_1 = \frac{1}{4}(1-r)(1-s), N_2 = \frac{1}{4}(1+r)(1-s), \cdots$$

为 Q4 单元的形函数，此时 $r = \sqrt{3}\xi$ 和 $s = \sqrt{3}\eta$，(ξ, η) 为 P 点处的参考坐标。

例如，将(6.6-11)式应用于 A 结点，得

$$\sigma_{xA} = 1.866\sigma_{x1} - 0.500\sigma_{x2} + 0.134\sigma_{x3} - 0.500\sigma_{x4}\cdots \qquad (6.6-12)$$

应该说明的是，实际中结点应力比 Gauss 点应力更受关注，这就是本小节工作的意义所

在;结点出现在单元的边上,因而,结点应力值往往比位于内部的 Gauss 点处应力值更大;各个单元外推到结点处的应力值通常并不相等(偏差可用来度量计算的误差),进而加权平均做为该结点的应力值;实际中还有其他求结点应力的方法,有兴趣的读者可参阅相关文献。

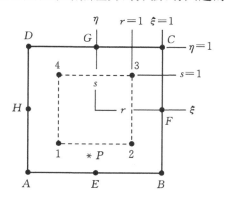

图 6.6-3　结点应力计算的外推法

6.7　单元几何形状的影响

当单元形状偏离紧凑型和/或矩形时,计算结果的精度将变低,其原因是,单元的插值精度由用整体坐标表示的完备性多项式次数决定,但对于等参单元,完备性次数是个隐性指标,随着单元的形状而发生变化。为此,分析如下一个例子。

图 6.7-1 为一矩形梁的平面应力问题计算,(a)图为矩形单元网格,(b)图为特意画成的梯形单元网格,(c)图为特意画成的具有曲边的四边形单元网格。表 6.7-1 为分别使用 Q8 单元和 Q9 单元,以及分别采用不同求积规则的计算结果比较,可以看出,2×2 积分时的 Q9 单元对单元形状的适应性最强。

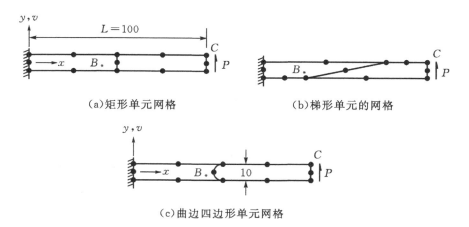

(a)矩形单元网格　　　　　　　　　　　(b)梯形单元的网格

(c)曲边四边形单元网格

图 6.7-1　平面问题 Q8 单元的三种网格(B 为 Gauss 点的位置,$\nu = 0.3$)

表 6.7-1   不同单元及求积规则在不同网格下的计算结果比较(参考值均为 1)

单元类型/	矩形单元		梯形单元		曲边单元	
积分规则	σ_{xB}	v_C	σ_{xB}	v_C	σ_{xB}	v_C
Q8/2×2	1.000	0.968	0.051	0.362	−0.048	0.430
Q8/3×3	1.129	0.930	0.048	0.161	0.050	0.221
Q9/2×2	1.000	1.006	1.125	1.109	0.958	0.955
Q9/3×3	1.141	0.954	0.687	0.791	0.705	0.737

6.8   等参单元的有效性与分片检验

6.8.1   等参单元的有效性

在足够小区域上,应变的变化与平均值比较变得可以忽略了,这也正是当有限元网格足够小时的性态。换句话说,如果有限元结果随着网格的无限细化收敛于精确解,那么,每个单元必须能反映常应变状态,用数学语言描述就是要证明等参元具有表示场量常梯度的能力。这就是有限单元有效性的含义。

假定我们考察的实际位移场为

$$\tilde{\phi} = a_1 + a_2 x + a_3 y + a_4 z \tag{6.8-1}$$

又假定结点处取精确值,即

$$\phi_i = a_1 + a_2 x_i + a_3 y_i + a_4 z_i \tag{6.8-2}$$

有效性就是要证明

$$\phi = \sum N_i \phi_i \triangle \tilde{\phi} \tag{6.8-3}$$

如果式(6.8-3)成立,那么将结点值式(6.8-2)代入式(6.8-3)左端,有

$$\phi = a_1 \sum N_i + a_2 \sum N_i x_i + a_3 \sum N_i y_i + a_4 \sum N_i z_i \tag{6.8-4}$$

经检验,形函数确实满足

$$\begin{cases} x = \sum N_i x_i \\ y = \sum N_i y_i \\ z = \sum N_i z_i \end{cases} \tag{6.8-5}$$

因而,式(6.8-3)得证,说明等参单元是有效的。实际上,式(6.8-3)的得证还运用了形函数的另一个性质,即

$$\sum N_i = 1 \tag{6.8-6}$$

有兴趣的读者可验证式(6.8-5)和式(6.8-6)。

6.8.2   分片检验

6.8.1节讲解了单个单元的有效性。当网格逐次细化时,有限元法的结果是否能一致收

敛于精确解？这就需要单元的组合必须能反映常应变状态，即要求通过分片检验，这是检验一个单元收敛性的充分条件。

参考图 6.8-1，分片检验包含以下 4 个步骤：

Step 1，建立有限元模型，要求：①除去边界结点外，至少有一个内部结点；②整体外形可以是矩形且结点均布的，但单元必须是不规则的。

Step 2：仅施加防止刚体位移的固定约束条件。

Step 3：施加与常应力状态一致的载荷。或者，对于均匀材料，在边界处给定与常应力状态一致的位移约束。

Step 4：考察结点应力结果。若是常应力，则通过检验；否则，没有通过检验。或者考察内结点处的位移结果，若与边界处给定的位移规律一致，则通过分片检验；否则，没有通过检验。

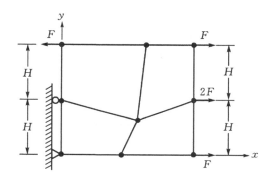

图 6.8-1　用于 Q4 单元分片检验的典型有限元模型

通过了分片检验的单元，肯定是收敛的单元；没通过分片检验的单元，仍需做其他检验。

当网格逐次细化时，单元不能通过分片检验，但若能通过弱分片检验，有限元结果依然能收敛于精确解。若单元形状为平行四边形而非一般四边形时可通过分片检验，就说该单元通过了弱分片检验。如图 6.8-2 所示，由于任意形状的单元无限细化时都将最终近似成平行四边形，所以通过弱分片检验的单元也会收敛，这是其理论依据。

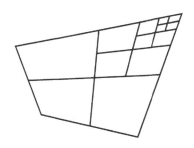

图 6.8-2　弱分片检验收敛的理论依据示意图

关于分片检验，说明如下：

(1)分片检验只对单元的常应变性进行了检验。对诸如线性应变性的检验称为高阶分片检验，对等截面梁弯曲问题的有效性需要在纯弯曲下对此进行检验。

(2)通过分片检验的稳定单元将能反映无约束的刚体位移、常应变特性以及相邻单元间的协调性。

(3)通过了分片检验仅表明该单元当网格细化时具有收敛性,并不表明该单元在较粗网格时的精度优劣,也不表明收敛速度的快与慢。

对于一种新单元的研发者来说,分片检验非常重要,而且按本节的 4 个步骤很易实施分片检验。

习题 6

1.(1)完成形函数的推导,即

$$\{N\}^{\mathrm{T}} = \begin{bmatrix} 1 & \xi & \xi^2 \end{bmatrix} \begin{bmatrix} 1 & -1 & 1 \\ 1 & 0 & 0 \\ 1 & 1 & 1 \end{bmatrix}^{-1}$$

(2)证明上述形函数与 Lagrange 插值给出的形函数相同。

2.(1)证明:若题 2 图中的结点均匀分布,则 $J = L/2$。

(2)若使结点 1 处的应变为有限值,那么,结点 2 从中心位置能移多远?

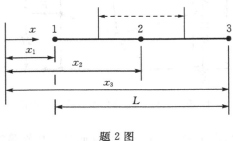

题 2 图

3.假定结点均匀分布,并且 A 和 E 为常数,确定题 3 图中单元 3×3 刚度矩阵的显式表达式。

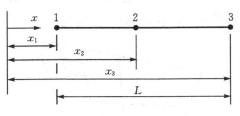

题 3 图

4.略去题 3 图中的中结点,即该单元只有端部结点,采用参考坐标 ξ,推导相应单元的 2×2 刚度矩阵。

5.如题 5 图所示,令 $x_3 - x_2 = L/4$,$x_2 - x_1 = 3L/4$,假定只有结点 3 处的位移不为零,即 $u_1 = u_2 = 0$,那么,各结点的应变是多少?

6.对如题 6 图所示的单元,令

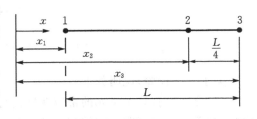

题 5 图

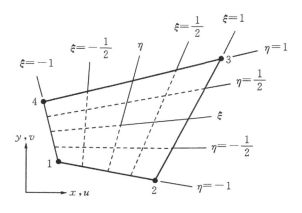

题 6 图

$$x = \left\{ \begin{matrix} 1 \\ \xi \\ \eta \\ \xi\eta \end{matrix} \right\}^{\mathrm{T}} \left\{ \begin{matrix} a_1 \\ a_2 \\ a_3 \\ a_4 \end{matrix} \right\}$$

(1)写出下列关系式中的 $[A]$

$$\left\{ \begin{matrix} x_1 \\ x_2 \\ x_3 \\ x_4 \end{matrix} \right\} = [A] \left\{ \begin{matrix} a_1 \\ a_2 \\ a_3 \\ a_4 \end{matrix} \right\}$$

(2)根据 Q4 单元的形函数,求出下列关系式中的 $[A]^{-1}$

$$x = \left\{ \begin{matrix} 1 \\ \xi \\ \eta \\ \xi\eta \end{matrix} \right\}^{\mathrm{T}} [A]^{-1} \left\{ \begin{matrix} x_1 \\ x_2 \\ x_3 \\ x_4 \end{matrix} \right\}$$

(3)验证:(1)和(2)中的 $[A]$ 和 $[A]^{-1}$ 满足
$[A][A]^{-1} = [I]$

7.描绘出一个四边形,其形函数为

$$\begin{cases} N_A = \dfrac{1}{4}(1-\xi)(1+\eta) & N_C = \dfrac{1}{4}(1-\xi)(1-\eta) \\ N_B = \dfrac{1}{4}(1+\xi)(1+\eta) & N_D = \dfrac{1}{4}(1+\xi)(1-\eta) \end{cases}$$

也就是说,在题 6 图中的实际结点 1,2,3,4 与母单元中的 A,B,C,D 结点间怎样对应?

8.如题 8 图,若选用自然坐标 (r,s) 而不是等参的参考坐标 (ξ,η),写出用 (r,s) 表示的双线性单元的形函数。

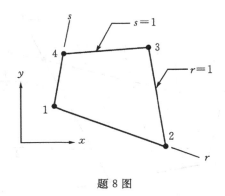

题 8 图

9. 设形函数为

$$
\begin{cases}
N_1 = \dfrac{1}{4}(1-\xi)(1-\eta) & N_2 = \dfrac{1}{4}(1+\xi)(1-\eta) \\[2mm]
N_3 = \dfrac{1}{4}(1+\xi)(1+\eta) & N_4 = \dfrac{1}{4}(1-\xi)(1+\eta)
\end{cases}
$$

对于如题 9 图的单元

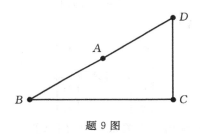

题 9 图

假定母单元中结点 $\xi=\eta=-1$ 分别对应:(1)A 点;(2)B 点;(3)C 点;(4)D 点。在图中分别画出 $\xi=-0.5,0.0,0.5$ 的三条线和 $\eta=-0.5,0.0,0.5$ 的三条线。

10. 描绘出一个四边形单元,使其 Jacobi 值 J 仅为 ξ 的函数,而与 η 无关。

11. 考察边长为两个单位的正方形单元,如题 11 图所示的两种结点编号情形出现了一些问题。首先利用下列形函数计算每种情形的 $[J]$ 矩阵及 J 值,再分析(a)图单元给出的 ξ 和 η 轴的关系和(b)图单元的形状。

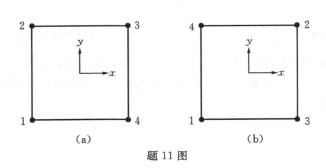

题 11 图

$$\begin{cases} N_1 = \dfrac{1}{4}(1-\xi)(1-\eta) & N_2 = \dfrac{1}{4}(1+\xi)(1-\eta) \\[2mm] N_3 = \dfrac{1}{4}(1+\xi)(1+\eta) & N_4 = \dfrac{1}{4}(1-\xi)(1+\eta) \end{cases}$$

12. 假定求积点关于积分区间的中心对称, 推导 2 阶 Gauss 求积规则的积分点位置和权系数, 要求:

对任意三次多项式 $\phi = a_1 + a_2\xi + a_3\xi^2 + a_4\xi^3$, Gauss 求积给出精确积分。

13. 参考题 13 图, 使用自然坐标 (r,s) 时, 2 阶 Gauss 求积规则的积分点的 (r,s) 坐标是多少? 对应的权系数呢? 注意: 自然坐标 r 和 s 的取值都是从 0 到 1。

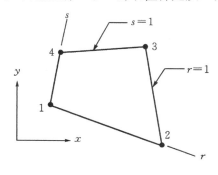

题 13 图

14. 下列是 3×3 二维 Gauss 求积的形式

$$I \approx \frac{25}{81}(\phi_1 + \phi_3 + \phi_7 + \phi_9) + \frac{40}{81}(\phi_2 + \phi_4 + \phi_6 + \phi_8) + \frac{64}{81}\phi_5$$

请写出 2×3 二维 Gauss 求积的类似形式。

15. 对六面体单元使用 3×3×3 三维 Gauss 求积: 试问权系数的乘积 $W_i W_j W_k$ 会出现多少个不同值? 各种值分别对应着多少个 Gauss 求积点; 使用 $J = 1$ 的情形验证这些结果。

16. 题 16 图示包含一个梯形和平行四边形, 分别采用 1、2、3 阶 Gauss 求积计算该图形的面积, 并确定每种求积计算的百分误差。

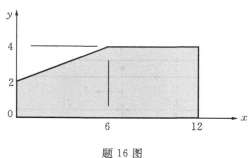

题 16 图

17. 分别用 1、2 或 3 阶 Gauss 求积积分下列函数, 并计算每一种积分结果的百分误差。

(1) $\phi = \xi^2 + \xi^3, \xi \in [-1, +1]$;

(2) $\phi = 1/x, x \in [1,7]$。

18. 考虑如题 18 图所示两个相邻的平面二次单元, 证明 Q8 等参单元的场量插值能在共有边界上提供单元间的连续。

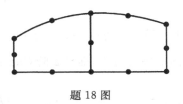

题 18 图

19.如题 19 图单元,其形函数可以通过用 η 表示的二次函数在单元的 ξ 方向"扫过"(Sweep)而生成,请用此方式确定该单元的 6 个形函数。

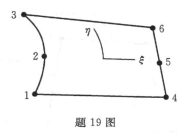

题 19 图

20.通过求 Q9 单元的形函数 N_1 在 $\xi=\pm 1/2$ 和 $\eta=\pm 1/2$ 处的值,分析它在各个象限的正负情况。

21.画出一个 Q8 单元,使其 Jacobi 值 J 仅是 η 的函数,而与 ξ 无关,要求满足下列两条件之一:

(1)单元的外形为矩形;

(2)单元具有两条曲边。

22.Q9 单元可通过略去 5~9 结点中的任一个进行退化。试问,是否可以相似的方式,通过略去角结点 1,生成一种有效的直边单元?

提示:假定角结点 1 具有平行于某边的位移,并依此进行论证。

23.考虑标准的 C^1 单元,它在每个结点具有平动和转动自由度。假定添加与气泡函数相似的横向位移模式,但不破坏梁单元间的连续性。试给出这种单元的形函数。

24.考察题 24 图的三结点杆元。计算下列两种工况下单元的应力分布:

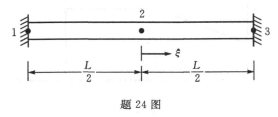

题 24 图

(1)结点 2 处作用集中力 P;

(2)沿杆受均布力 q。

25.如题 25 图所示,两端固定、具有均匀弯曲刚度 EI 的梁,采用含非结点自由度 a_1 的位移模式 $a_1(1+\cos\pi\xi)$,沿梁受大小为 q 的均布横向载荷:

(1)导出用 a_1 表示的刚度矩阵;

（2）计算梁中点处的挠度值及与精确解的误差；

（3）计算梁中点及端点处的弯矩及误差。

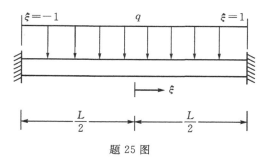

题 25 图

26. 如题 26 图所示，两端固定、具有均匀弯曲刚度 EI 的梁，采用下列含非结点自由度 a_1 的位移模式 $a_1(1+\cos\pi\xi)$，在梁中点处受集中力 P 的作用：

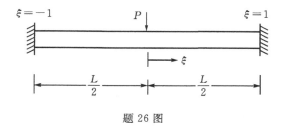

题 26 图

（1）导出用 a_1 表示的刚度矩阵；

（2）给出梁中点处挠度的计算值及与精确解的误差；

（3）给出梁中点及端点处的弯矩及误差。

27. 使用下列形函数：

$$\begin{cases} N_1 = \dfrac{1}{4}(1-\xi)(1-\eta) & N_2 = \dfrac{1}{4}(1+\xi)(1-\eta) \\ N_3 = \dfrac{1}{4}(1+\xi)(1+\eta) & N_4 = \dfrac{1}{4}(1-\xi)(1+\eta) \end{cases}$$

如题 27 图所示，证明：受纯弯曲时 Q4 单元 $\eta=0$ 上的剪应变为 $\gamma_{xy}=-c\xi$，其中 c 是一个正的常数。为简化计算，可假定该单元是正方形。

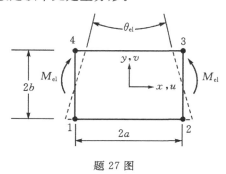

题 27 图

28. 参考题 28 图：（1）根据 Gauss 点处的应力外推，验证式（6.6-12）结点应力计算公式

$$\sigma_{xA} = 1.866\sigma_{x1} - 0.500\sigma_{x2} + 0.134\sigma_{x3} - 0.500\sigma_{x4}$$

(2)将式(6.6-11)的公式 $\sigma_P = \sum N_i\sigma_i$ 应用于图中的 B、C、D 三点,推导出与(1)中相似的计算公式。

(3)再应用于 E、F、G、H 四点,推导出与(1)中相似的计算公式。

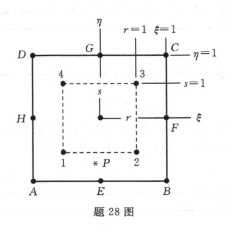

题 28 图

29. Q4 单元 2 阶 Gauss 求积时结点 A(参考题 28 图)的应力计算公式为

$$\sigma_{xA} = 1.866\sigma_{x1} - 0.500\sigma_{x2} + 0.134\sigma_{x3} - 0.500\sigma_{x4}$$

利用 2 阶求积法则,H8 单元共计 $2\times2\times2=8$ 个 Gauss 求积点,仿照上式,计算 H8 单元(见题 29 图)中下列点处的应力:

(1)结点 8;

(2)$\xi = 1$ 面中心处的点。

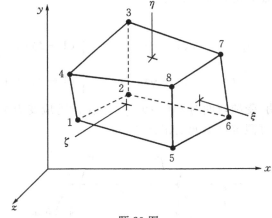

题 29 图

30.(1)证明,下列形函数满足 $\sum N_i = 1$:

(a)Q4 单元的形函数

$$\begin{cases} N_1 = \dfrac{1}{4}(1-\xi)(1-\eta) & N_2 = \dfrac{1}{4}(1+\xi)(1-\eta) \\[2mm] N_3 = \dfrac{1}{4}(1+\xi)(1+\eta) & N_4 = \dfrac{1}{4}(1-\xi)(1+\eta) \end{cases}$$

(b)Q8 单元的形函数

$$\begin{cases} N_1 = \dfrac{1}{4}(1-\xi)(1-\eta)-\dfrac{1}{2}(N_8+N_5) & N_5 = \dfrac{1}{2}(1-\xi^2)(1-\eta) \\[2mm] N_2 = \dfrac{1}{4}(1+\xi)(1-\eta)-\dfrac{1}{2}(N_5+N_6) & N_6 = \dfrac{1}{2}(1+\xi)(1-\eta^2) \\[2mm] N_3 = \dfrac{1}{4}(1+\xi)(1+\eta)-\dfrac{1}{2}(N_6+N_7) & N_7 = \dfrac{1}{2}(1-\xi^2)(1+\eta) \\[2mm] N_4 = \dfrac{1}{4}(1-\xi)(1+\eta)-\dfrac{1}{2}(N_7+N_8) & N_8 = \dfrac{1}{2}(1-\xi)(1-\eta^2) \end{cases}$$

(2)根据(1),很明显有

$$\sum N_{i,\xi} = 0 \quad \text{和} \quad \sum N_{i,\eta} = 0$$

请通过对(a)(b)两种形函数的直接计算予以验证。

31.如题 31 图所示,单元的几何映射由三结点定义,而轴向的位移插值由两个端点处的位移线性插值而成,从而构成一个超参元。

物理单元

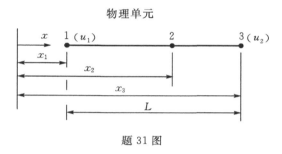

题 31 图

(1)确定单元的轴向应变 ε_x。

(2)证明:除非几何结点 2 位于杆的中点,否则,该单元是无效的。

32.如题 32 图所示,假定下列网格能够通过分片检验。如果所有 9 个结点都具有与常应变场一致的位移,那么,根据 $[K]\{D\}$,内结点上的等效载荷应该为多少?为什么?

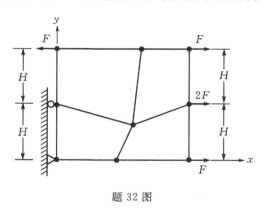

题 32 图

33.画出一种通过分片检验的六面体单元的简单组合,若假定单元只有角结点,试给出适合于测试均匀应力 σ_z 的支撑和结点载荷。

第7章 等参三角形和四面体单元

本章与第 6 章平行,其目的是通过等参坐标变换,使三角形或四面体单元也可以具有曲边(曲面)等更一般的单元形状。

7.1 参考坐标与形函数

换个角度,用等参单元的思想研究如图 7.1-1 所示的一般三角形单元和四面体单元,其中 r、s 和 t 称为自然坐标或本征坐标,它们独立于物理单元的尺寸、形状和取向,其取值在 0 与 1 之间,不像第 6 章一样在 -1 与 +1 之间。为与第 6 章一致,我们称 (r,s,t) 为等参单元的参考坐标。

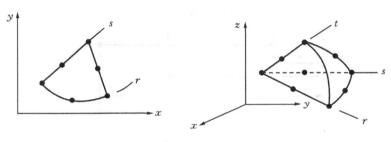

(a)6 结点曲边三角形(T6)单元　　　(b)10 结点曲面四面体(TH10)单元

图 7.1-1　一般三角形单元和四面体单元

7.1.1 三角形参考单元

对于 3 结点三角形(T3)单元,如果参考坐标如图 7.1-2 所示,那么,形函数可构造为

$$\begin{cases} N_1 = 1-r-s \\ N_2 = r \\ N_3 = s \end{cases} \tag{7.1-1}$$

如图 7.1-2 所示,三角形单元的参考单元是腰为 1 的等腰直角三角形。由式(7.1-1)和

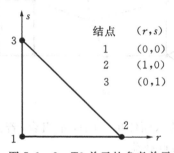

结点	(r,s)
1	(0,0)
2	(1,0)
3	(0,1)

图 7.1-2　T3 单元的参考单元

图 7.1－2 可以看出，形函数 N_2 和 N_3 关于参考坐标 r 和 s 具有可交换性。另外，形函数还表现出这样的规律：每个形函数为零时，恰恰表示的是单元各条边的方程，也就是说，N_i 的形式就是过 N_i 为零结点的直线方程。

将上述规律应用于 T6 单元（参考图 7.1－3），并考虑到在本结点处为 1 的特性，得到 T6 单元的形函数为

$$\begin{cases} N_1 = (1-r-s)(1-2r-2s) \\ N_2 = r(2r-1) \\ N_3 = s(2s-1) \\ N_4 = 4r(1-r-s) \\ N_5 = 4rs \\ N_6 = 4s(1-r-s) \end{cases} \tag{7.1-2}$$

结点	(r,s)
1	$(0,0)$
2	$(1,0)$
3	$(0,1)$
4	$(\frac{1}{2},0)$
5	$(\frac{1}{2},\frac{1}{2})$
6	$(0,\frac{1}{2})$

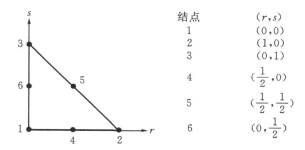

图 7.1－3　T6 单元的参考单元

由式(7.1－2)和图 7.1－3 可以看出，N_2 和 N_3、N_4 和 N_6 关于 r 和 s 具有可交换性。

当然，式(7.1－2)的形函数也可按第 3 章介绍的 T6 单元形函数的构造方法进行，但可以看出，此处介绍的方法更为简捷。

7.1.2　四面体参考单元

对于四面体单元，其参考单元的三个侧面均是腰为 1 的等腰直角三角形、底面为等边三角形，如图 7.1－4 所示，这样，等参 4 结点四面体(TH4)单元的形函数为

$$\begin{cases} N_1 = 1-r-s-t \\ N_2 = r \\ N_3 = s \\ N_4 = t \end{cases} \tag{7.1-3}$$

式(7.1－3)除了表现出与图 7.1－4 中一致的坐标可交换性外，还具有这样的规律：每个形函数为零时，恰恰表示单元各个表面的方程，也就是说，N_i 的形式就是过 N_i 为零结点的平面的方程。

将上述规律应用于 10 结点四面体(TH10)单元，参考图 7.1－4，并考虑到在本结点处为 1 的特性，得到 TH10 单元的形函数为

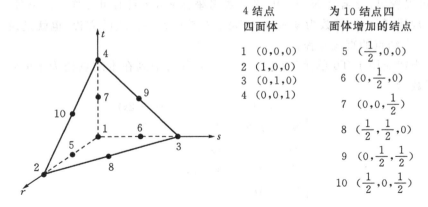

图 7.1-4　四面体参考单元

$$
\begin{cases}
N_1 = (1-r-s-t)(1-2r-2s-2t) \\
N_2 = r(2r-1) \\
N_3 = s(2s-1) \\
N_4 = t(2t-1) \\
N_5 = 4r(1-r-s-t) \\
N_6 = 4s(1-r-s-t) \\
N_7 = 4t(1-r-s-t) \\
N_8 = 4rs \\
N_9 = 4st \\
N_{10} = 4tr
\end{cases}
\tag{7.1-4}
$$

关于式(7.1-4)表现出的坐标可交换性,有兴趣的读者可对照图 7.1-4 进行分析。

7.1.3　等参单元

按第 6 章,等参单元就是坐标变换和场量插值采用相同形函数的单元。于是,对于三角形或四面体单元,根据前述构造的形函数,等参单元的坐标变换为

$$
\begin{cases}
x = \sum_i N_i x_i \\
y = \sum_i N_i y_i \\
z = \sum_i N_i z_i
\end{cases}
\tag{7.1-5}
$$

同时,对于标量场 φ,其插值为

$$
\varphi = \sum_i N_i \varphi_i
\tag{7.1-6}
$$

7.2　单元刚度矩阵

刚度矩阵是单元的特征矩阵,等参元刚度矩阵的求解步骤大体基本相同,关键环节是求得

场量在整体坐标系中的梯度。

　　首先分析等参 T3 单元。对于标量场,根据定义

$$\left\{\begin{array}{c}\varphi_{,x}\\\varphi_{,y}\end{array}\right\}=\left[B\right]\left\{\begin{array}{c}\varphi_1\\\varphi_2\\\varphi_3\end{array}\right\} \tag{7.2-1}$$

但是,我们仅能得到

$$\left\{\begin{array}{c}\varphi_{,r}\\\varphi_{,s}\end{array}\right\}=\left[B_1\right]\left\{\begin{array}{c}\varphi_1\\\varphi_2\\\varphi_3\end{array}\right\} \tag{7.2-2}$$

考虑到

$$\left\{\begin{array}{c}\varphi_{,r}\\\varphi_{,s}\end{array}\right\}=\left[J\right]\left\{\begin{array}{c}\varphi_{,x}\\\varphi_{,y}\end{array}\right\} \tag{7.2-3}$$

　　所以,结合式(7.2-2)及式(7.2-3),我们有

$$\left[B\right]=\left[J\right]^{-1}\left[B_1\right] \tag{7.2-4}$$

其中,引入的 Jacobi 矩阵为

$$\left[J\right]=\begin{bmatrix}x_{,r} & y_{,r}\\x_{,s} & y_{,s}\end{bmatrix}=\begin{bmatrix}\sum N_{i,r}x_i & \sum N_{i,r}y_i\\\sum N_{i,s}x_i & \sum N_{i,s}y_i\end{bmatrix} \tag{7.2-5}$$

与第 6 章中四边形等参单元的情形(即式(6.2-8))完全类似。

　　对于 T3 单元,(7.2-3)式的 Jacobi 矩阵为

$$\left[J\right]=\begin{bmatrix}-1 & 1 & 0\\-1 & 0 & 1\end{bmatrix}\begin{bmatrix}x_1 & y_1\\x_2 & y_2\\x_3 & y_3\end{bmatrix}=\begin{bmatrix}x_{21} & y_{21}\\x_{31} & y_{31}\end{bmatrix} \tag{7.2-6}$$

其中

$$\left\{\begin{array}{l}x_{ij}=x_i-x_j\\y_{ij}=y_i-y_j\end{array}\right. \tag{7.2-7}$$

为三角形单元常用的特征记号,与张量中采用的双下标指标的含义完全不同。有些教材就是以此记号开始讲解有限元方法的。

　　这样,(7.2-6)式的 Jacobi 值(即行列式值)就为

$$\left|J\right|=x_{21}y_{31}-x_{31}y_{21} \tag{7.2-8}$$

进而得到

$$\left[J\right]^{-1}=\frac{1}{\left|J\right|}\begin{bmatrix}y_{31} & -y_{21}\\-x_{31} & x_{21}\end{bmatrix} \tag{7.2-9}$$

可以证明,Jacobi 值 $\left|J\right|$ 在数量上是三角形面积的 2 倍,当结点顺序逆时针时,值为正。

　　结合(7.2-4)式,对于 T3 单元,将对应的$\left[B_1\right]$代入,得到

$$\left[B\right]=\frac{1}{2A}\begin{bmatrix}-y_{31}+y_{21} & y_{31} & -y_{21}\\x_{31}-x_{21} & -x_{31} & x_{21}\end{bmatrix}$$

$$=\frac{1}{2A}\begin{bmatrix}y_{23} & y_{31} & y_{12}\\x_{32} & x_{13} & x_{21}\end{bmatrix} \tag{7.2-10}$$

相似地,对于矢量场的 T3 单元,可导出

$$[B] = \frac{1}{2A} \begin{bmatrix} y_{23} & 0 & y_{31} & 0 & y_{12} & 0 \\ 0 & x_{32} & 0 & x_{13} & 0 & x_{21} \\ x_{32} & y_{23} & x_{13} & y_{31} & x_{21} & y_{12} \end{bmatrix} \qquad (7.2-11)$$

与 T3 单元相比,T6 单元因增加 3 个边结点引起了单元自由度数变化,从而导致 Jacobi 矩阵的变化,情形略显复杂。读者可遵循以上对 T3 单元的相同推导步骤,得到与(7.2-10)或(7.2-11)式相似的 T6 单元的公式。

与 T3 单元相比,四面体单元在问题的维数上从二维变成了三维,从而 Jacobi 矩阵(7.2-5)式由 2×2 变成了 3×3,亦可遵循相同的步骤予以推导。当然,三维问题与二维问题的最显著区别是刚度矩阵由一个二维的面积域上的积分变成为一个三维的体积域上的积分。

需要指出,本教材将三角形单元、四面体单元单独做为一章进行讲解,是由于这两种单元并不能由第 6 章讲解的四边形单元或六面体单元通过简单的途径退化而来。关于这方面的更进一步知识可参阅相关文献。

7.3　解析积分、面积坐标与体积坐标

7.3.1　概述

如果对单元的几何形状给以恰当的约束,那么三角形和四面体单元的刚度矩阵就可通过解析方法积分得到。这些对单元几何形状的约束包括:单元几何形状的边是直边,边结点间隔均匀。此时,Jacobi 值在整个单元上是常数,刚度矩阵计算中的被积函数就简化为参考坐标的多项式,因而可得到解析积分表达式。

实际上,三角形单元上的积分可通过面积坐标很有规律地予以表示,而且,利用面积坐标,还可研发出更多种类的三角形单元。

面积坐标又称为重心坐标、三角形坐标或三线性坐标。在数学上,面积坐标概念的建立已有好几百年历史,但只有在有限元法中,面积坐标的使用价值才得以充分发挥。面积坐标还是构造多边形等更复杂单元形函数的基础。

7.3.2　面积坐标

如图 7.3-1 所示,连接任意点 P 与三角形的三个顶点,三角形 1-2-3 将分成三个子三

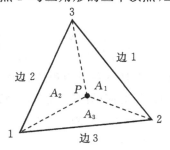

图 7.3-1　面积坐标的几何解释

角形 A_1、A_2 和 A_3。依此,面积坐标定义为

$$
\begin{cases}
\xi_1 = A_1/A \\
\xi_2 = A_2/A \\
\xi_3 = A_3/A
\end{cases}
\tag{7.3-1}
$$

其中,A 是三角形 1-2-3 的面积,即有 $A = A_1 + A_2 + A_3$,于是,三个面积坐标并不独立,而存在以下关系

$$
\xi_1 + \xi_2 + \xi_3 = 1
\tag{7.3-2}
$$

不难发现,面积坐标与 7.1 节的自然坐标间有如下关系:

$$
\begin{cases}
\xi_1 = 1 - r - s \\
\xi_2 = r \\
\xi_3 = s
\end{cases}
\tag{7.3-3}
$$

这样,T3 单元的形函数用面积坐标表示即为

$$
\begin{cases}
N_1 = \xi_1 \\
N_2 = \xi_2 \\
N_3 = \xi_3
\end{cases}
\tag{7.3-4}
$$

相应地,T6 单元的形函数用面积坐标可表示为

$$
\begin{cases}
N_1 = \xi_1(2\xi_1 - 1) \\
N_2 = \xi_2(2\xi_2 - 1) \\
N_3 = \xi_3(2\xi_3 - 1) \\
N_4 = 4\xi_1\xi_2 \\
N_5 = 4\xi_2\xi_3 \\
N_6 = 4\xi_3\xi_1
\end{cases}
\tag{7.3-5}
$$

需要指出,以面积坐标做为参考坐标,三角形单元的参考单元将是一个边长为 1 的等边三角形,这点从(7.3-4)和(7.3-5)两式中形函数关于坐标的可交换性得到很明显的印证。

7.3.3　积分公式

先考虑沿三角形一条边的积分,例如沿边 1-2,长度为 L,此时 $\xi_3 = 0$,即为该边的面积坐标方程。可以证明,成立下列积分公式

$$
\int_L \xi_1^k \xi_2^l \, \mathrm{d}L = L \, \frac{k!\, l!}{(1 + k + l)!}
\tag{7.3-6}
$$

再考虑整个三角形单元上的积分,可以证明,成立如下积分公式

$$
\int_A \xi_1^k \xi_2^l \xi_3^m \, \mathrm{d}A = 2A \, \frac{k!\, l!\, m!}{(2 + k + l + m)!}
\tag{7.3-7}
$$

对于四面体单元,可相应地定义四个体积坐标为

$$
\xi_i = V_i/V
\tag{7.3-8}
$$

与自然坐标的关系为

$$
\begin{cases}
\xi_1 = 1 - r - s - t \\
\xi_2 = r \\
\xi_3 = s \\
\xi_4 = t
\end{cases}
\tag{7.3-9}
$$

具有如下体积积分公式

$$\int_V \xi_1^k \xi_2^l \xi_3^m \xi_4^n \mathrm{d}V = 6V \, \frac{k!\,l!\,m!\,n!}{(3+k+l+m+n)!} \qquad (7.3-10)$$

7.4　数值积分

当等参三角形单元的边是曲边或边结点不等距时,则成为扭曲三角形。此时,由于 Jacobi 值不再是常数,因而,被积函数将是一个参考坐标的分式多项式,虽然可通过单纯型积分对某些特殊情形给出解析积分,但通常借助于数值积分。

对于三角形单元,数值积分计算公式为

$$\int_A \varphi \mathrm{d}A \approx \sum_{i=1}^n \varphi_i J_i W_i \qquad (7.4-1)$$

其中

$$J_i = \frac{1}{2}\,|\,J\,|_i \qquad (7.4-2)$$

不同阶积分点的位置见图 7.4-1,积分点的自然坐标值和相应的权系数值见表 7.4-1,可根据需要选择使用。

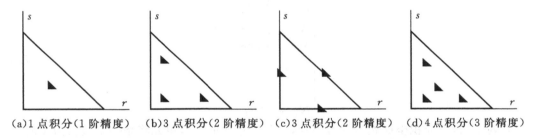

（a）1 点积分（1 阶精度）　　（b）3 点积分（2 阶精度）　　（c）3 点积分（2 阶精度）　　（d）4 点积分（3 阶精度）

图 7.4-1　三角形单元及其数值积分

表 7.4-1　三角形单元数值积分点的位置及权系数

积分点数	图	精度阶次	坐标 (r_i, s_i)	权系数 W_i
1	7.4-1(a)	1	$\left(\dfrac{1}{3}, \dfrac{1}{3}\right)$	1.0
3	7.4-1(b)	2	$\left(\dfrac{2}{3}, \dfrac{1}{6}\right), \left(\dfrac{1}{6}, \dfrac{1}{6}\right), \left(\dfrac{1}{6}, \dfrac{2}{3}\right)$	$\dfrac{1}{3}$
3	7.4-1(c)	2	$\left(\dfrac{1}{2}, 0\right), \left(0, \dfrac{1}{2}\right), \left(\dfrac{1}{2}, \dfrac{1}{2}\right)$	$\dfrac{1}{3}$
4	7.4-1(d)	3	$\left(\dfrac{1}{3}, \dfrac{1}{3}\right)$	$-\dfrac{27}{48}$
			$\left(\dfrac{3}{5}, \dfrac{1}{5}\right), \left(\dfrac{1}{5}, \dfrac{1}{5}\right), \left(\dfrac{1}{5}, \dfrac{3}{5}\right)$	$\dfrac{25}{48}$

对于四面体单元,数值积分的公式为

$$\int_A \varphi \mathrm{d}A \approx \sum_{i=1}^{n} \varphi_i J_i W_i \qquad (7.4-3)$$

其中

$$J_i = \frac{1}{6} \mid J \mid_i \qquad (7.4-4)$$

不同阶积分点的自然坐标值和相应的权系数值见表 7.4-2，可根据需要选择使用。

表 7.4-2　四面体单元数值积分点的位置及权系数

积分点数	精度阶次	坐标(r_i, s_i, t_i)	权系数 W_i
1	1	$\left(\dfrac{1}{4}, \dfrac{1}{4}, \dfrac{1}{4}\right)$	1.0
4	2	(a,b,b)，(b,b,b)，(b,b,a)，(b,a,b) $a = \dfrac{5+3\sqrt{5}}{20}$，$b = \dfrac{5-\sqrt{5}}{20}$	$\dfrac{1}{4}$
5	3	$\left(\dfrac{1}{4}, \dfrac{1}{4}, \dfrac{1}{4}\right)$	$-\dfrac{4}{5}$
		$\left(\dfrac{1}{2}, \dfrac{1}{6}, \dfrac{1}{6}\right)$，$\left(\dfrac{1}{6}, \dfrac{1}{6}, \dfrac{1}{6}\right)$，$\left(\dfrac{1}{6}, \dfrac{1}{6}, \dfrac{1}{2}\right)$，$\left(\dfrac{1}{6}, \dfrac{1}{2}, \dfrac{1}{6}\right)$	$\dfrac{9}{20}$

习 题 7

1. 从 $\varphi = a_1 + a_2 r + a_3 s$ 出发，利用第 3 章讲解过的"$[A]$矩阵法"，推导形函数
$$\begin{cases} N_1 = 1 - r - s \\ N_2 = r \\ N_3 = s \end{cases}$$

2. 证明：如果题 2 图中的 T6 单元具有直边和中心边结点，那么，它的坐标变换是线性的。换句话说，当 T6 单元的二次形函数
$$\begin{cases} N_1 = (1-r-s)(1-2r-2s) \\ N_2 = r(2r-1) \\ N_3 = s(2s-1) \\ N_4 = 4r(1-r-s) \\ N_5 = 4rs \\ N_6 = 4s(1-r-s) \end{cases}$$
用于上述 T6 单元的坐标变换时，其变换将退化为 T3 单元的线性形函数
$$\begin{cases} N_1 = 1 - r - s \\ N_2 = r \\ N_3 = s \end{cases}$$

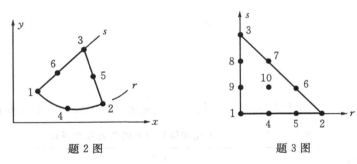

题 2 图   题 3 图

3. 对如题 3 图表示的 T10 单元,确定 1、2、4、5、6、10 结点的形函数。

4. 令三角形分别含有 3、4、5 或 6 个结点,给出逐个增加结点构造形函数的方法,并与 T6 单元的形函数比较,证明其正确性。

5. 证明:对于任意形状的 T3 单元
$$|J| = x_{21}y_{31} - x_{31}y_{21} = 2A$$

提示:将三角形置于第一象限,从三角形的顶点向 x 轴做垂线,考察各梯形的面积;也可直接利用已知顶点坐标求三角形面积的行列式法。

6. 证明:(7.2 − 10)式 T3 单元 $[B]$ 的表达式将给出第 3 章中当采用特殊坐标系时的(3.4 − 4)式,即

第 7 章中的一般式:$[B] = \dfrac{1}{2A}\begin{bmatrix} y_{23} & y_{31} & y_{12} \\ x_{32} & x_{13} & x_{21} \end{bmatrix}$

第 3 章中如题 6 图所示特殊坐标系时:$[B] = \begin{bmatrix} \dfrac{-1}{x_2} & \dfrac{1}{x_2} & 0 \\ \dfrac{x_3 - x_2}{x_2 y_3} & \dfrac{-x_3}{x_2 y_3} & \dfrac{1}{y_3} \end{bmatrix}$

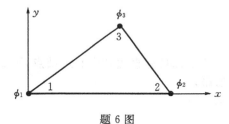

题 6 图

7. 证明下列 6 个以面积坐标表示的形函数
$$\begin{cases} N_1 = \xi_1(2\xi_1 - 1) \\ N_2 = \xi_2(2\xi_2 - 1) \\ N_3 = \xi_3(2\xi_3 - 1) \\ N_4 = 4\xi_1\xi_2 \\ N_5 = 4\xi_2\xi_3 \\ N_6 = 4\xi_3\xi_1 \end{cases}$$

满足
$$\sum N_i = 1$$

8.参考题 3 图,T10 等参单元的 10 结点形函数为 $N_{10} = 27\xi_1\xi_2\xi_3$,假定单元边上结点处的场值 φ 都为 0,10 结点和顶点距离的中点处 $\varphi = \varphi_a$ 。试计算场量 φ 在三角形面积 A 上所围的体积。

9.考虑一个直边三角形,重心位于笛卡儿坐标系 $x - y$ 的原点。利用面积坐标证明:

$$\int_A x^2 \mathrm{d}A = \frac{A}{12}(x_1^2 + x_2^2 + x_3^2)$$

10.利用面积坐标 ξ_i 和广义自由度 a_i,T6 单元的插值多项式为

$$\phi = a_1\xi_1^2 + a_2\xi_2^2 + a_3\xi_3^2 + a_4\xi_1\xi_2 + a_5\xi_2\xi_3 + a_6\xi_3\xi_1$$

使用第 3 章讲解过的"$[A]$ 矩阵法",推导该单元的形函数。

11.设 T6 单元的 1-4-2 边是直边,结点 4 在边的中点,x 轴与 1-4-2 边一致。利用面积坐标,导出下列几种载荷情形时,1-4-2 边上结点的一致等效载荷。

(1)沿边的法向(即只有 y 方向分量)作用均匀分布力;

(2)沿边的切向(即只有 x 方向分量)作用抛物线分布力:结点 1 和 2 处为 0,结点 4 处最大;

(3)沿边的法向(只有 y 方向分量)作用线性分布力,结点 2 处为 $+\bar{\sigma}$,结点 1 处为 $-\bar{\sigma}$。

12.假定均匀压力 p 作用在 TH10 单元(具有直边和边中结点)的一个表面的法向,试计算该面上结点的一致等效载荷。

附录1 T3 单元程序使用说明及 Visual C++语言源代码

A1.1 T3 单元程序使用说明

1)功能概述:

本程序是用 C++语言编写的教学程序,采用 T3 单元(又称为常应变三角形单元,CST),用于解决弹性力学平面应力问题。该程序极易扩充为能同时求解平面应力和平面应变问题的通用应力分析程序。

程序中总刚度矩阵按一维变带压缩存贮,有限元方程组采用 LDL^T 三角分解法直接求解。

为使程序易读易懂,输入计算机的载荷是结点载荷,对于其他形式的载荷都要预先换算成等效的结点载荷。程序所处理的约束仅限于 x 或 y 方向上的零位移约束。

计算结果除输出结点位移外,还输出了单元的三个应力分量 S_{11}、S_{22} 和 S_{12} 及三个应变分量 T_{11}、T_{22} 和 T_{12}。

程序的结构易于修改和扩充,也便于连接图形库形成为包含前、后处理功能(网格自动生成及计算结果的图形显示等)的更完整程序系统。

2)输入数据说明(以输入的先后为序,自由格式):

NN, NE, KU, KV, KRX, KRY 均为整型数,问题描述参数,其中:

NN	结点总数(≤500);
NE	单元总数(≤700);
KU	x 方向位移受约束的结点数(≤50),若无则为 0;
KV	y 方向位移受约束的结点数(≤50),若无则为 0;
KRX	x 方向受结点载荷作用的结点数(≤60),若无则为 0;
KRY	y 方向受结点载荷作用的结点数(≤60),若无则为 0;
EO, PO	实型数,分别为材料的弹性模量和泊松比;
X(NN)	NN 个实型数,为结点的 x 坐标;
Y(NN)	NN 个实型数,为结点的 y 坐标;
JE(NE,3)	3 * NE 个整型数,按行输入,为按逆时针顺序排列的单元结点编号;
JU(KU)	KU 个整型数,为 x 方向位移受约束的结点编号;
JV(KV)	KV 个整型数,为 y 方向位移受约束的结点编号;
NRX(KRX)	KRX 个整型数,为 x 方向受结点载荷作用的结点编号;
NRY(KRY)	KRY 个整型数,为 y 方向受结点载荷作用的结点编号;
RX(KRX)	KRX 个实型数,为 x 方向结点载荷的大小;
RY(KRY)	KRY 个实型数,为 y 方向结点载荷的大小。

3)其他标识符说明:

NF(=2 * NN)	总自由度数,即方程的总阶数;

LK	总刚度矩阵下三角一维存贮的总长（≤12000）；
D1, D2 , D3	用于辅助生成弹性矩阵；
B(3),C(3)	B_i,C_i(i=1～3),用于辅助生成应变矩阵；
DEL	三角形单元面积 $\triangle$；
U(NF)	开始时存放结点载荷,求解后存放结点位移；
SK(LK)	总刚度矩阵按一维存贮的数组；
EK(21)	单元刚度矩阵按下三角一维存贮的数组；
BM(3,6)	用于存放 $2\triangle[B]$ 矩阵的元素；
CM(3,6)	用于存放 $2\triangle[D][B]$ 矩阵的元素；
JD(NF)	总刚度矩阵对角元素在 SK(LK) 中的位置指示数组；
JLL(6)	单元局部自由度与整体自由度间的对应关系数组；
SGM(3)	存放单元的应力分量 S_{11}、S_{22} 和 S_{12}；
STR(3)	存放单元的应变分量 T_{11}、T_{22} 和 T_{12}；
SS(2100)	按单元顺序存放所有单元应力分量；
TT(2100)	按单元顺序存放所有单元应变分量。

4）主要子程序功能说明：

SKDD	计算总刚度矩阵下三角一维存贮的相关参数；
SHAPE(N)	计算第 N 个单元的有关常数；
FEK	计算单元刚度矩阵,并存放于 EK(21)中；
SKKE	将单元刚度矩阵组装到总刚度矩阵；
FIXD	对总体刚度矩阵进行位移约束处理；
SOLVE	求解有限元方程组；
STRESS	计算单元的应力应变；
OUTPUT	输出原始数据和计算结果,并存放到 output.csv 文件中。

5）出错信息及处理措施：

本程序中若干数组的实际使用大小根据具体问题是动态变化的,为保证计算结果在可控范围内,当求解问题所需规模超过所设数组的下标界限时,程序将自动中断、显示原因并退出,以等待做相应处理。具体包含下列情形：

- 求解问题的结点数大于 500 时则停机。处理方式:扩大数组 X(500),Y(500),U(1000＝500 * 2),JD(1000＝500 * 2) 的下标界限值。
- 求解问题的单元数大于 700 时则停机。处理方式:扩大 JE(700,3)数组中的前一个下标界限值。
- 求解问题的 x 方向或 y 方向的约束个数超过 50 时则停机。处理方式:扩大 JU(50)或 JV(50)的下标界限值。
- 求解问题 x 方向或 y 方向的结点载荷数超过 60 时则停机。处理方式:扩大 NRX(60)、RX(60)、NRY(60)和 RY(60)的下标界限值。
- 总刚度矩阵一维存贮的长度大于 12000 时则停机。处理方式:扩大数组 SK(12000)的下标界限值。

6）主程序流程框图：

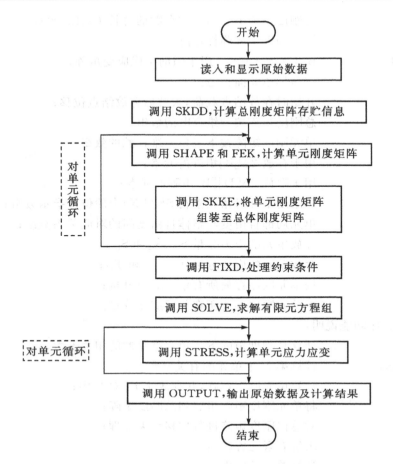

A1.2　T3 单元程序的 Visual C++语言源代码

1)Cpp 源代码：

```
# include <iostream. h>
# include<fstream. h>
# include <math. h>
# include "CST. h"
void main() {
    CST test;
    test. dataInput();
    if (test. dataCheck())
    {
        test. dataTackle();
        test. UDisplay();
    }
}
```

2)头文件源代码：

```
# include <iostream. h>
```

```cpp
# include <fstream. h>
# include <iomanip. h>
# include <math. h>
class CST {
public :
    double RY[60], RX[60], B[3+1], C[3+1],SK[12000], EK[21+1],X[500], Y[500],
    U[1000],BM[3+1][6+1], CM[3+1][6+1];
    double SGM[3+1],XO[50],YO[50],STR[3+1],SS[2101],TT[2101];
    double D1, D2, D3,DEL, EO, PO, t;
    int NRX[60], NRY[60], JU[50], JV[50], JE[700][3+1], JD[1000], JLL[6+1];
    int NN, NE, NF, LK, KU, KV, KRX, KRY, K1, K2, K3, KK,ii;
public :
    //数据初始化
    CST() {
        t = 1;
    }
    //数据输入程序
    void dataInput(){
        bool isInput=false,key=false;
        char fname[20];
        ifstream inFile;
        while(! isInput){
            cout<<endl;
            cout<<" * * * * * * * * * * * * * * * * * * * * * * * * * * * * * * * "<<endl;
            cout<<" * * * * * * * * * * * 欢迎使用 CST 程序 * * * * * * * * * * * "<<endl;
            cout<<" * * * * * * * * * * * * * * * * * * * * * * * * * * * * * * * "<<endl;
            cout<<endl;
            cout << "Please input the name of data file: ";
            cin >> fname;
            cout<<endl;
            inFile. open(fname, ios::in);
            if(! inFile)
                cout << fname << ": Can not open this file!" << endl;
            else{
                isInput=true;
                cout<<"输入数据文件为:"<<fname<<endl;
                cout<<endl;
            }
        }
        //输入结点数 NN,单元数 NE,约束数 KU、KV,载荷数 KRX,KRY
        inFile>>NN>>NE>>KU>>KV>>KRX>>KRY;
        //输入材料基本数据:弹性模量,泊松比,厚度(默认为 1)
        inFile>>EO>>PO>>t;
```

```
    //输入结点坐标 X[NN],Y[NN]
    for (int i = 1; i <=NN; i++) {
        inFile>>X[i]>>Y[i];
    }
    //输入单元包含结点的编号 JE[NE][3]
    for (int j = 1; j <=NE; j++) {
        inFile>>JE[j][1]>>JE[j][2]>>JE[j][3];
    }
    //输入约束：
    //输入 X 方向位移约束的结点编号
    for (i = 1; i <=KU; i++) {
        inFile>>JU[i];
    }
    //输入 Y 方向位移约束的结点编号
    for (i = 1; i <=KV; i++) {
        inFile>>JV[i];
    }
    //输入载荷：
    //输入 X 方向载荷结点编号 NRX[KRX]
    //输入 X 方向结点载荷大小 RX[KRX]
    //输入 Y 方向载荷结点编号 NRY[KRY]
    //输入 Y 方向结点载荷大小 RY[KRY]
    for (i = 1; i <=KRX; i++){
        inFile>>NRX[i]>>RX[i];
    }
    for (i = 1; i <=KRY; i++) {
        inFile>>NRY[i]>>RY[i];
    }
    inFile. close();
}
//核对数据信息
bool dataCheck(){
        bool key=false;
        char choose;
        cout<<endl;
        cout<<"请确认信息:"<<endl;
        cout<<endl;
        cout<<"弹性模量 EO="<<EO<<"\t"<<"泊松比 PO="<<PO<<"\t";
        cout<<"结点数 NN="<<NN<<endl;
        for(int i=1;i<=NN;i++){
            cout<<"\t"<<i<<"("<<X[i]<<","<<Y[i]<<")";
            if(i%3==0)
                cout<<endl;
```

```
    }
    cout<<endl;
    cout<<"单元数 NE="<<NE<<endl;
    for(i=1;i<=NE;i++){
        cout<<"\t 单元"<<i<<":\t";
        for(int j=1;j<=3;j++){
            cout<<JE[i][j]<<",";
        }
        cout<<endl;
    }
    cout<<"x 方向约束:\t";
    for(i=1;i<=KU;i++)
        cout<<"("<<JU[i]<<",0 ),";
    cout<<endl;
    cout<<"y 方向约束:\t";
    for(i=1;i<=KV;i++)
        cout<<"("<<JV[i]<<",0 ),";
    cout<<endl;
    cout<<"x 方向载荷:\t";
    for(i=1;i<=KRX;i++)
        cout<<"("<<NRX[i]<<","<<RX[i]<<"),";
    cout<<endl;
    cout<<"y 方向载荷:\t";
    for(i=1;i<=KRY;i++)
        cout<<"("<<NRY[i]<<","<<RY[i]<<")";
    cout<<endl;
    if (NN>500)
        cout<<"NN excels maximum,please enlarge the size of X，Y and JD!";
    if (NE>700)
        cout<<"NE excels maximum,please enlarge the size of JE!";
    if (KU>50)
        cout<<"KU excels maximum,please enlarge the size of JU!";
    if (KV>50)
        cout<<"KV excels maximum,please enlarge the size of JV!";
    if (KRX>60)
        cout<<"KRX excels maximum,please enlarge the size of NRX and RX!";
    if (KRY>60)
        cout<<"KRY excels maximum,please enlarge the size of NRY and RY!";
    while(! key){
        cout<<"是否要进行计算? Y/N"<<"\t";
        cin>>choose;
        if(choose=='Y'||choose=='y'){
            key=true;
```

```
                    return true;
                }
                else
                {
                    if(choose=='N'||choose=='n'){
                        key=true;
                        return false;
                    }
                    else{
                        cout<<"请输入正确的选择!"<<endl;
                    }
                }
            }
            return false;
}
/* *
 * dataTackle():数据处理程序
 */
void dataTackle(){
    calculate();
}
//计算程序
void calculate() {
    NF = 2 * NN;//结点位移总数,即总自由度数
    SKDD();
    //平面弹性矩阵[D]
    D1 = EO / (1.0 - PO * PO);
    D2 = D1 * PO;
    D3 = D1 * (1.0 - PO) / 2;
    //总刚度矩阵初始化
    for (int i = 0; i <=LK; i++)
        SK[i] = 0;
    for (i = 0; i <=22; i++)
        EK[i] = 0;
    //储存载荷至矩阵[U]
    for (i = 0; i <=NF; i++)
        U[i] = 0;
    for (i = 1; i <= KRX; i++) {
        K1 = 2 * NRX[i]-1;
        U[K1] = RX[i];
    }
    for (i = 1; i <= KRY; i++) {
        K1 = 2 * NRY[i];
```

```
                    U[K1] = RY[i];
                }
            for (i = 1; i <= NE; i++) {
                    SHAPE(i);  //计算第 i 个单元形状参数
                    FEK(i);  //计算单元刚度矩阵值 EK
//                  EKDisplay(i);//屏幕显示单元刚度矩阵,可开启
                    SKKE();
                }
//              SKDisplay();//屏幕显示总刚度矩阵 K,可开启
            //处理约束条件
            for (i = 1; i <= KU; i++)
                    FIXED(2 * JU[i]-1);
            for (i = 1; i <= KV; i++)
                    FIXED(2 * JV[i]);
            //计算结点位移
            SOLVE();
            for(i=1;i<=3 * NE;i++){
                    SS[i]=0;
                    TT[i]=0;
                }
            //循环计算各单元应力应变
            for (i=1;i<=NE;i++){
                    SHAPE(i);
                    STRESS();
                    SS[3 * (i-1)+1]=SGM[1];
                    SS[3 * (i-1)+2]=SGM[2];
                    SS[3 * (i-1)+3]=SGM[3];
                    TT[3 * (i-1)+1]=STR[1];
                    TT[3 * (i-1)+2]=STR[2];
                    TT[3 * (i-1)+3]=STR[3];
                }
            //输出原始数据及计算结果到 output.csv
            OUTPUT();
        }
        //SKDD():计算总刚度矩阵主对角元一维存储序号
        void SKDD() {
            JD[0] = 0;
            JD[1] = 1;
            JD[2] = 3;
            int JO, IO, KO, M1, M2, M3;
            for (int N = 2; N <= NN; N++) {
                //计算半带宽 KK
                KK = 0;
```

```
    for (int i = 1; i <= NE; i++) {
        IO = JE[i][1];
        JO = JE[i][2];
        KO = JE[i][3];
        if (IO == N || JO == N || KO == N) {
            M1 = N - IO;
            M2 = N - JO;
            M3 = N - KO;
            if (M1 > KK)
                KK = M1;
            if (M2 > KK)
                KK = M2;
            if (M3 > KK)
                KK = M3;
        }
    }
    KK = 2 * KK;
    JD[2 * N-1] = JD[2 * N - 2] + KK + 1;
    JD[2 * N ] = JD[2 * N-1] + KK + 2;
}
LK = JD[NF];
cout << "刚度矩阵 SK 的长度为:LK=" << LK << endl;
}
//SHAPE(int):计算单元形状参数
void SHAPE(int N) {
    double XO[7], YO[7];
    for (int I = 1; I <= 3; I++) {
        K1 = JE[N][I];
        K2 = I + 3;
        XO[I] = X[K1];
        XO[K2] = XO[I];
        YO[I] = Y[K1];
        YO[K2] = YO[I];
        K2 = 2 * I-1;
        K3 = K2 + 1;
        JLL[K2] = K1 * 2 - 1;
        JLL[K3] = K1 * 2 ;
    }
    for (I = 1; I <= 3; I++) {
        K1 = I + 1;
        K2 = I + 2;
        B[I] = YO[K1] - YO[K2];
        C[I] = XO[K2] - XO[K1];
```

```
    }
    DEL = (B[1] * C[2] - B[2] * C[1]) / 2;
}
//FEK(int):计算单元刚度矩阵值 EK
void FEK(int i) {
    double Z;
    for (int I = 0; I <= 3; I++) {
        for (int J = 0; J <= 6; J++) {
            BM[I][J] = 0;
            CM[I][J] = 0;
        }
    }
    for (I = 1; I <= 3; I++) {
        K2 = I + I;
        K1 = K2 - 1;
        BM[1][K1] = B[I];
        BM[3][K2] = B[I];
        BM[2][K2] = C[I];
        BM[3][K1] = C[I];
        CM[1][K1] = D1 * B[I];
        CM[1][K2] = D2 * C[I];
        CM[2][K1] = D2 * B[I];
        CM[2][K2] = D1 * C[I];
        CM[3][K1] = D3 * C[I];
        CM[3][K2] = D3 * B[I];
    }
    for (I = 1; I <= 6; I++) {
        K1 = I * (I - 1) / 2;
        for (int II = 1; II <= I; II++) {
            Z = 0;
            for (int JJ = 1; JJ <= 3; JJ++) {
                Z = Z + BM[JJ][I] * CM[JJ][II];
            }
            EK[K1 + II] = Z * t / DEL / 4;
        }
    }
}
//SKKE():单元刚度矩阵向总刚度矩阵传送
void SKKE() {
    int K;
    for (int I = 1; I <= 6; I++) {
        K1 = JLL[I];
        KK = I * (I - 1) / 2;
```

```
        for (int J = 1; J <= I; J++) {
            K2 = JLL[J];
            if (K2 < K1)
                K = JD[K1] - K1 + K2;
            else
                K = JD[K2] - K2 + K1;
            SK[K] += EK[KK + J];
        }
    }
}
//处理约束条件
void FIXED(int K) {
    int L, M, IA, IB;
    L = JD[K];
    if (K > 1) {
        M = JD[K - 1];
        IA = M + 1;
        IB = L - 1;
        for (int I = IA; I <= IB; I++)
            SK[I] = 0;
    }
    IA = K + 1;
    for (int I = IA; I <= NF; I++) {
        if ((JD[I] - JD[I - 1]) >= (I - K + 1))
            M = JD[I] - I + K;
        SK[M] = 0;
    }
    U[K] = 0;
}
//SOLVE():三角分解法求解方程
void SOLVE() {
    int IG, MI, IP, JG, MJ, IJ, JI, JK, JJ, I, J, K;
    for (I = 1; I <= NF; I++) {
        IG = JD[I] - I;
        if (I == 1)
            MI = 1;
        else
            MI = JD[I - 1] - IG + 1;
        for (J = MI; J <= I; J++) {
            IP = IG + J;
            JG = JD[J] - J;
            if (J == 1)
                MJ = 1;
```

```
            else
                MJ = JD[J - 1] - JG + 1;
            IJ = MI;
            if (MJ > MI)
                IJ = MJ;
            JI = J - 1;
            for (K = IJ; K <= JI; K++) {
                JK = JD[K];
                SK[IP] = SK[IP] - SK[IG + K] * SK[JK] * SK[JG + K];
            }
            if (I != J) {
                JJ = JD[J];
                U[I] -= SK[IP] * U[J];
                SK[IP] = SK[IP] / SK[JJ];
            }
        }
        JI = JD[I];
        U[I] = U[I] / SK[JI];
    }
    for (I = 1; I <=NF; I++) {
        J = NF - I+1;
        IG = JD[J] - J;
        if (J == 1)
            MI = 1;
        else
            MI = JD[J - 1] - IG + 1;
        JI = J - 1;
        for (K = MI; K <= JI; K++) {
            U[K] = U[K] - SK[IG + K] * U[J];
        }
    }
}
//STRESS():计算单元应力应变
void STRESS() {
    int I, J;
    double UE[6+1];
    for (I = 1; I <= 6; I++) {
        K1 = JLL[I];
        UE[I] = U[K1];
    }
    for (I = 0; I <= 3; I++) {
        for (int J = 0; J <= 6; J++) {
            BM[I][J] = 0;
```

```
            CM[I][J] = 0;
        }
    }
    for (I = 1; I <= 3; I++) {
        K2 = I + I;
        K1 = K2 - 1;
        BM[1][K1] = B[I];
        BM[3][K2] = B[I];
        BM[2][K2] = C[I];
        BM[3][K1] = C[I];
        CM[1][K1] = D1 * B[I];
        CM[1][K2] = D2 * C[I];
        CM[2][K1] = D2 * B[I];
        CM[2][K2] = D1 * C[I];
        CM[3][K1] = D3 * C[I];
        CM[3][K2] = D3 * B[I];
    }
    for(I=1;I<=3;I++){
        STR[I]=0;
        for(J=1;J<=6;J++){
            STR[I]=STR[I]+BM[I][J]*UE[J]/DEL/2;
        }
    }
    for (I = 1; I <= 3; I++) {
        SGM[I] = 0;
        for (J = 1; J <= 6; J++) {
            SGM[I] = SGM[I] + CM[I][J] * UE[J] /DEL / 2;
        }
    }
}
//SKDisplay():屏幕显示总刚度矩阵
void SKDisplay() {
    int num = 1, L = 0, M = 0, i = 0;
    cout << "总刚度矩阵 K:" << endl;
    cout << SK[1] << endl;
    for (i = 2; i <= NF; i++) {
        L = JD[i] - JD[i - 1];
        M = i - L + 1;
        for (int j = 1; j <= i; j++) {
            if (j < M)
                cout << "0" << " ";
            else {
                num++;
```

```
                        cout << SK[num] << "  ";
                    }
                }
                cout << endl;
            }
        }
```

//UDisplay():屏幕显示位移值

```
void UDisplay() {
    cout << "结点位移为:" << endl;
    for (int i = 1; i <= NN; i++) {
        cout << i << "\t" << U[2 * i−1] << "\t" << U[2 * i] << ")" << endl;
    }
}
```

//SGDisplay():屏幕显示单元应力

```
void SGDisplay(int I){
    cout<<"单元"<<I<<"应力为"<<":\t"<<SS[3 * (I−1)+1]<<"\t"<<SS[3 * (I−1)+2]<<"\t"<<SS[3 * (I−1)+3]<<endl;
}
```

//STDisplay():屏幕显示单元应变

```
void STDisplay(int I){
    cout<<"单元"<<I<<"应变为"<<":\t"<<TT[3 * (I−1)+1]<<"\t"<<TT[3 * (I−1)+2]<<"\t"<<TT[3 * (I−1)+3]<<endl;
}
```

//NDisplay():屏幕显示单元应力转换矩阵

```
void NDisplay(int I) {
    cout << "第" << I + 1 << "个单元应力转换矩阵[B]:" << endl;
    for (I = 1; I <= 3; I++) {
        for (int J = 1; J <= 6; J++) {
            cout << BM[I][J] << "  ";
        }
        cout << endl;
    }
}
```

//EKDisplay():屏幕显示单元刚度矩阵

```
void EKDisplay(int I) {
    cout << "第" << I << "个单元刚度矩阵:" << endl;
    for (I = 1; I <= 6; I++) {
        K1 = I * (I − 1) / 2;
        for (int II = 1; II <= I; II++)
            cout << EK[K1 + II] << "  ";
        cout << endl;
    }
}
```

```cpp
//输出计算结果至 output 文件
void OUTPUT(){
    ofstream output("Output. csv");
    output<<" * "<<","<<" * "<<","<<" * "<<","<<" * "<<","<<" * "<<","<<" * "<<","<<" * "<<","<<" * "<<","<<" * "<<","<<" * "<<","<<" * "<<","<<"\n";
    output<<"泊松比 PO"<<","<<PO<<"\n";
    output<<"弹性模量 EO/Pa"<<","<<EO<<"\n";
    output<<"="<<","<<"="<<","<<"="<<","<<"="<<","<<"="<<","<<"="<<","<<"="<<","<<"="<<","<<"="<<","<<"="<<","<<"="<<","<<"\n";
    output<<"结点编号"<<","<<"结点 X 坐标"<<","<<"结点 Y 坐标"<<"\n";
    for (int i=1;i<=NN;i++){
    output<<i<<","<<X[i]<<","<<Y[i]<<"\n";
    }
    output<<"\n";
    output<<"="<<","<<"="<<","<<"="<<","<<"="<<","<<"="<<","<<"="<<","<<"="<<","<<"="<<","<<"="<<","<<"="<<","<<"="<<","<<"\n";
    output<<"单元编号"<<","<<"包含结点"<<","<<"\n";
    for(i=1;i<=NE;i++){
        output<<i<<","<<JE[i][1]<<","<<JE[i][2]<<","<<JE[i][3]<<"\n";
    }
    output<<"\n";
    output<<"="<<","<<"="<<","<<"="<<","<<"="<<","<<"="<<","<<"="<<","<<"="<<","<<"="<<","<<"="<<","<<"="<<","<<"="<<","<<"\n";
    for(i=1;i<=KU;i++){
        output<<"X 方向约束"<<","<<JU[i]<<","<<"\n";
    }
    for(i=1;i<=KV;i++){
        output<<"Y 方向约束"<<","<<JV[i]<<","<<"\n";
    }
    if(KRX>0){
        output<<"X 方向载荷结点"<<","<<"载荷大小"<<","<<"\n";
        for(i=1;i<=KRX;i++){
        output<<NRX[i]<<","<<RX[i]<<"\n";
        }
    }
    if(NRY>0){
        output<<"Y 方向载荷结点"<<","<<"载荷大小"<<","<<"\n";
        for(i=1;i<=KRX;i++){
        output<<NRY[i]<<","<<RY[i]<<"\n";
        }
    }
    output<<"\n"<<"\n";
    output<<" * "<<","<<" * "<<","<<" * "<<","<<" * "<<","<<" * "<<","<<" * "
```

```
<<","<<" * "<<","<<" * "<<","<<" * "<<","<<" * "<<","<<" * "<<","<<"\n";
        output<<"结点编号"<<","<<"结点位移 U"<<","<<"结点位移 V"<<"\n";
        for (i=1;i<=NN;i++){
        output<<i<<","<<U[2*i-1]<<",\t"<<U[2*i]<<"\n";
        }
    output<<"="<<","<<"="<<","<<"="<<","<<"="<<","<<"="<<","<<"="
<<","<<"="<<","<<"="<<","<<"="<<","<<"="<<","<<"="<<","<<"\n";
        output<<" 单元编号"<<","<<"应力 1"<<","<<"应力 2"<<","<<"应力 3"
<<","<<"应变 1"<<","<<"应变 2"<<","<<"应变 3"<<"\n";
        for(i=1;i<=NE;i++){
        SGDisplay(i);
        output<<i<<","<<SS[3*(i-1)+1]<<","<<SS[3*(i-1)+2]<<","<<SS[3*
(i-1)+3];
        STDisplay(i);
        output<<","<<TT[3*(i-1)+1]<<","<<TT[3*(i-1)+2]<<","<<TT[3*(i
-1)+3]<<"\n";
        }
    output<<" * "<<","<<" * "<<","<<" * "<<","<<" * "<<","<<" * "<<","<<" * "
<<","<<" * "<<","<<" * "<<","<<" * "<<","<<" * "<<","<<" * "<
<"\n";
        output. close();
    }
    };
```

附录 2　Q8 单元程序使用说明及 Visual C++语言源代码

A2.1　Q8 单元程序使用说明

1)功能概述:

本程序是用 C++语言编写的弹性力学空间轴对称问题和平面(含平面应力和平面应变)问题应力分析程序。程序中采用 8 结点等参数单元,总刚度矩阵按一维变带压缩存贮,有限元方程组用 LDL^{T}三角分解法进行求解。程序中能处理的外载荷可以是结点力、单元边界上的线性分布力和轴对称问题由于转动产生的体积分布离心力。所处理的约束可以是两个方向的任意给定位移。

计算结果除输出结点位移外,还输出单元高斯点处的应力应变。

在轴对称问题中对称轴规定为 x 轴,径向为 y 轴,(x,y) 构成右手坐标系。实际单元、参考母单元中的结点编号次序及单元 4 个边的编号(带括号编号)分别如图 A、B 所示。

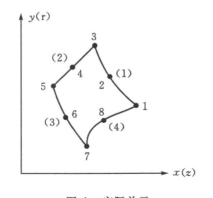

图 A　实际单元

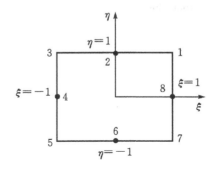

图 B　等参母单元

2)输入数据说明(以输入的先后为序,自由格式)

D[0]	问题类型控制参数,=0 表示平面应力问题,=1 表示平面应变问题,=2 表示轴对称问题;
H[0]	单元高斯积分点个数,=2 表示共 2*2 个积分点,=3 表示共 3*3 个积分点。

NN, NE, KU, KV, KRX, KRY, KQ　均为整型数,问题描述参数,其中:

NN	结点总数;
NE	单元总数;
KU	x 方向/轴向位移受约束的结点数,若无则为 0;
KV	y 方向/径向位移受约束的结点数,若无则为 0;
KRX	在 x 方向/轴向有集中载荷作用的结点数,若无则为 0;

KRY	在 y 方向/径向有集中载荷作用的结点数,若无则为 0;
KQ	边载荷作用的单元数,若无则为 0。
EO, PO, RU, RPM	实型数,其中:
EO	材料的弹性模量;
PO	材料的泊松比;
RU	材料的比重;
RPM	物体的转速（r/min）;
XO(NN)	NN 个实型数,结点的 x 坐标;
YO(NN)	NN 个实型数,结点的 y 坐标;
JE(8,NE)	8 * NE 个整型数,表示每个单元包含的结点编号,逐单元输入;
JU(KU)	KU 个整型数,x 方向/轴向位移受约束的结点号,若 KU=0 则不输入;
JV(KV)	KV 个整型数,y 方向/径向位移受约束的结点号,若 KV=0 则不输入;
US(KU)	KU 个实型数,x 方向/轴向给定的结点位移值,若 KU=0 则不输入;
VS(KV)	KV 个实型数,y 方向/径向给定的结点位移值,若 KV=0 则不输入;
JRX(KRX)	KRX 个整型数,在 x 方向/轴向受集中载荷的结点号,若 KRX=0 则不输入;
JRY(KRY)	KRY 个整型数,在 y 方向/径向受集中载荷的结点号,若 KRY=0 则不输入;
RX(KRX)	KRX 个实型数,x 方向/轴向给定的结点载荷值,若 KRX=0 则不输入;
RY(KRY)	KRY 个实型数,y 方向/径向给定的结点载荷值,若 KRY=0 则不输入;
KPQ(2,KQ)	2 * KQ 个整型数,指示边载荷作用的单元号和边号,其中边号的顺序见图 A 的规定;
PQ(4,KQ)	4 * KQ 个实型数,存放边载荷分布信息,即每个边载荷前一个结点处的 Q_x 值、后一个结点处的 Q_x 值,前一个结点处的 Q_y 值和后一个结点处的 Q_y 值,其中 Q_x 和 Q_y 分别为 x 方向和 y 方向上边载荷的集度。本程序仅能处理沿单元边线性分布的边载荷。

3)其他标识符说明:

NF	总自由度数,即方程的总阶数;NF=2 * NN;
LK	总刚度矩阵下三角一维存贮的总长度;
XC	XC= $\partial x/\partial \xi$;
XA	XA= $\partial x/\partial \eta$;
YC	YC= $\partial y/\partial \xi$;
YA	YA= $\partial y/\partial \eta$;

DTJ	雅克比行列式值 $|J| = XC * YA - XA * YC$;
FIX	$FIX = \partial N_i / \partial x$;
FIY	$FIY = \partial N_i / \partial y$;
JD(NF)	总刚度矩阵对角元素在一维存贮中的位置指示数组;
EK(136)	单元刚度矩阵按下三角一维存放的数组;
SK(LK)	按下三角一维存贮的总刚度矩阵;
JEW(8)	单元局部结点编号与整体结点编号对应关系临时数组;
JLL(16)	单元局部自由度编号与整体自由度编号对应关系临时数组;
FF(16)	存放单元的等效结点体积力向量;
U(NF)	开始时存放结点等效载荷,求解后存放结点位移;
XX(5)	单方向上三个高斯积分点和两个单元角点的参考坐标值;
FS(5,5,8)	高斯积分点及角点处的形函数值;
FC(5,5,8)	高斯积分点及角点处的形函数对 ξ 的导数值;
FA(5,5,8)	高斯积分点及角点处的形函数对 η 的导数值;
D[1]—D[3]	弹性矩阵相关元素;
H[1]—H[3]	高斯积分权系数。

4)主要子程序功能说明:

NCNA	计算 $\partial N_i / \partial \xi, \partial N_i / \partial \eta$ 及 N_i 在单元高斯积分点及角点处的数值;
XYCA	被 FEKP 及 STRESS 调用,计算单元某些点处的 $\partial x / \partial \xi$, $\partial x / \partial \eta$, $\partial y / \partial \xi$, $\partial y / \partial \eta$ 及径向坐标 YN 的数值;
SKDD	计算总刚度矩阵下三角一维存贮的相关参数;
FEKP	计算单元刚度矩阵和离心分布力(如果有)的等效结点载荷;
QRIT	计算边载荷的等效结点载荷;
RIGHT	调用 QRIT 计算边分布力等效结点载荷,并将包含集中结点载荷、离心分布力(如果有)在内的等效载荷组装到载荷列阵;
SKKE	将 FEKP 计算得到的单元刚度矩阵组装到总刚度矩阵;
FIXD	对总体刚度矩阵进行位移约束处理;
SOLVE	用 LDL^T 分解法求解有限元方程组;
STRESS	计算单元高斯点处的应力和应变;
OUTPUT	输出原始数据和计算结果,并存放到 output.csv 文件中。

5)出错信息及处理措施:

根据具体问题不同,若干数组的下标会动态变化,这些动态数组又分为实型和整型两类。实型类数组包括 U(NF)、XO(NN)、YO(NN)、US(KU)、VS(KV)、RX(KRX)、RY(KRY)、PQ(4,KQ)和 SK(LK),整型类数组包括 JE(8,NE),JU(KU),JV(KV),JRX(KRX),JRY(KRY),KPQ(2,KQ)和 JD(NF)。如果它们超出了各自下标的界限,程序将会因出错而停机。所以,在使用程序时,一定要确保各个数组的下标界限值符合要求。

6)主程序流程框图:

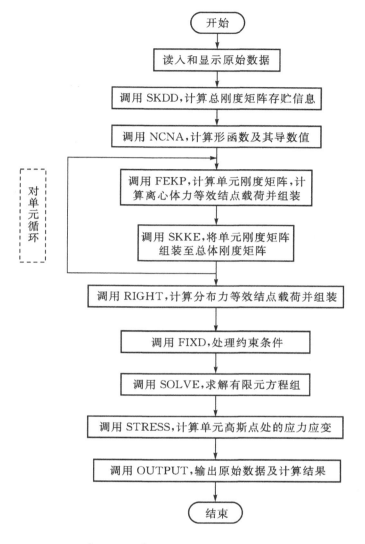

A2.2　Q8 单元程序的 Visual C++语言源代码

1)Cpp 源代码:

```cpp
#include <iostream.h>
#include <fstream.h>
#include "Q8.h"
void main(){
    Q8 q8;
    q8.dataInput();
    if(q8.dataCheck()){
        q8.dataTackle();
        q8.UDisplay();
    }
```

```
    }
```

2)头文件源代码：

```
#include <iostream. h>
#include <fstream. h>
#include <iomanip. h>
#include <math. h>
class Q8 {
public：
    int NN, NF, NE, KU, KV, KRX, KRY, KQ, LK；
    int JEW[9], JLL[17], JE[9][501], JD[3006], KPQ[3][50], JRX[50], JRY[50], JU[50], JV
[50]；double H[3+1], D[3+1], U[3007], FF[17], FS[6][6][9], FC[6][6][9], FA[6][6][9], B[5]
[17], C[5][17], XO[1504],YO[1504], X[50],Y[50],SK[5000], PQ[5][50], RX[50], RY[50], US
[50], VS[50],EK[137],UE[17],STS[4+1],STA[4+1],STRS[4+1],STRA[4+1],STRE[200],STRN
[200]；
    double PO, EO, RU, XC, XA, YC, YA, YN, QQ, VY, RPM,nip；
public：
// dataInput()：数据输入
    void dataInput(){
        bool isInput＝false,key＝false；
        char fname[20]；
        ifstream inFile；
        while(! isInput){
            cout<<endl；
            cout<<" * * * * * * * * * * * * * * * * * * * * * * * * * * * * * * * * "<<endl；
            cout<<" * * * * * * * * * *欢迎使用Q8等参元程序 * * * * * * * * * "<<endl；
            cout<<" * * * * * * * * * * * * * * * * * * * * * * * * * * * * * * * * "<<endl；
            cout<<endl；
            cout << "Please input the name of data file: "；
            cin >> fname；
            cout<<endl；
            inFile. open(fname, ios::in)；
            if(! inFile)
                cout << fname << ": Can not open this file!" << endl；
            else{
                isInput＝true；
                cout<<"输入数据文件为:"<<fname<<endl；
                cout<<endl；
            }
        }
        //输入问题类型 D[0],积分点数 H[0]
        inFile>>D[0]>>H[0]；
        //输入结点数 NN,单元数 NE,约束数 KU、KV,载荷数 KRX,KRY,面载荷数 KQ
        inFile>>NN>>NE>>KU>>KV>>KRX>>KRY>>KQ；
```

```cpp
    //输入材料基本数据
    inFile>>EO>>PO>>RU>>RPM;
    //输入结点坐标
    for (int i = 1; i <=NN; i++) {
        inFile>>XO[i]>>YO[i];
    }
    //输入单元包含的结点编号
    for (int j = 1; j <=NE; j++) {
        inFile>>JE[1][j]>>JE[2][j]>>JE[3][j]>>JE[4][j]
            >>JE[5][j]>>JE[6][j]>>JE[7][j]>>JE[8][j];
    }
    //输入约束:
    //输入 X 方向位移约束的结点号 JU[KU]及约束大小 US[KU]
    //输入 Y 方向位移约束的结点号 JV[KV]及约束大小 VS[KV]
    for (i = 1; i <=KU; i++) {
        inFile>>JU[i]>>US[i];
    }
    for (i = 1; i <=KV; i++) {
        inFile>>JV[i]>>VS[i];
    }
    //输入载荷:
    //输入 X 方向载荷结点编号 JRX[KRX]
    //输入 X 方向结点载荷大小 RX[KRX]
    //输入 Y 方向载荷结点编号 JRY[KRY]
    //输入 Y 方向结点载荷大小 RY[KRY]
    for (i = 1; i <=KRX; i++){
        inFile>>JRX[i]>>RX[i];
    }
    for (i = 1; i <=KRY; i++) {
        inFile>>JRY[i]>>RY[i];
    }
    //输入面载荷的单元号和边号
    for (i = 1; i <=KQ; i++){
        inFile>>KPQ[1][i]>>KPQ[2][i];
    }
    //输入面载荷的 4 个值:Qx,Qx,Qy,Qy;
    for (i = 1; i <=KQ; i++) {
        inFile>>PQ[1][i]>>PQ[2][i]>>PQ[3][i]>>PQ[4][i];
    }
    inFile.close();
}
// dataCheck():数据确认程序
bool dataCheck(){
```

```
                bool key=false;
                char choose;
                cout<<endl;
                cout<<"请确认信息:"<<endl;
                cout<<endl;
                cout<<"弹性模量 EO="<<EO<<"\t"<<"泊松比 PO="<<PO<<"\t"
                    <<"密度 RU="<<RU<<"\t"<<"角速度 RPM="<<RPM<<" r/min"
<<endl;
                cout<<"结点数 NN="<<NN<<endl;
                for(int i=1;i<=NN;i++){
                    cout<<"\t"<<i<<"("<<XO[i]<<","<<YO[i]<<")";
                    if(i%3==0)
                        cout<<endl;
                }
                cout<<endl;
                cout<<"单元数 NE="<<NE<<endl;
                for(i=1;i<=NE;i++){
                        cout<<"\t单元"<<i<<":\t";
                        for(int j=1;j<=8;j++){
                                cout<<JE[j][i]<<",";
                        }
                        cout<<endl;
                }
                cout<<"x 方向约束:\t";
                for(i=1;i<=KU;i++)
                        cout<<"("<<JU[i]<<","<<US[i]<<"),";
                cout<<endl;
                cout<<"y 方向约束:\t";
                for(i=1;i<=KV;i++)
                        cout<<"("<<JV[i]<<","<<VS[i]<<"),";
                cout<<endl;
                cout<<"x 方向载荷:\t";
                for(i=1;i<=KRX;i++)
                        cout<<"("<<JRX[i]<<","<<RX[i]<<"),";
                cout<<endl;
                cout<<"y 方向载荷:\t";
                for(i=1;i<=KRY;i++)
                        cout<<"("<<JRY[i]<<","<<RY[i]<<")";
                cout<<endl;
                cout<<"面载荷数 KQ="<<KQ<<endl;
                for (i = 1; i <=KQ; i++) {
                        cout<<"\t"<<KPQ[1][i]<<","<<KPQ[2][i]<<":";
                        cout<<"\t"<<PQ[1][i]<<"\t"<<PQ[2][i]<<"\t"<<PQ[3][i]<<"\
```

```
t"<<PQ[4][i]<<endl;
                }
            while(! key){
                cout<<"是否要进行计算? Y/N"<<"\t";
                cin>>choose;
                if(choose=='Y'||choose=='y'){
                    key=true;
                    return true;
                }
                else
                {
                    if(choose=='N'||choose=='n'){
                        key=true;
                        return false;
                    }
                    else{
                        cout<<"请输入正确的选择!"<<endl;
                    }
                }
            }
            return false;
    }
    // dataTackle():数据处理程序
    void dataTackle(){
        calculate();
    }
    // calculate
    void calculate() {
        NF = NN + NN;
        //弹性矩阵[D]
        if(D[0]==0){
            D[1] = EO / (1.0 - PO * PO);
            D[2] = D[1] * PO;
            D[3] = D[1] * (1.0 - PO) / 2;
        }
        if(D[0]==1){
            D[1] = EO * (1.0 - PO) / (1.0 - PO - PO) / (1.0 + PO);
            D[2] = EO * PO / (1.0 + PO) / (1.0 - PO - PO);
            D[3] = EO/(1.0 + PO) / 2;
        }
        if(D[0]==2){
            D[1] = EO * (1.0 - PO) / (1.0 + PO) / (1.0 - PO - PO);
            D[2] = D[1] * PO / (1.0 - PO);
```

```
        D[3] = D[1] * (1.0 - PO - PO) / (1.0 - PO) / 2;
    }
    SKDD();
    NCNA();
    VY = RU * (3.1415926 * RPM / 30) / 9.80;
    //高斯积分相关系数
    if(H[0]==2){
        H[1]=1;
        H[2]=1;
        H[3]=1;
    }
    if(H[0]==3){
        H[1] = 5.0 / 9.0;
        H[2] = 8.0 / 9.0;
        H[3] = H[1];
    }
    nip=H[0] * H[0];
    //初始化矩阵
    for(int i=0;i<=NF;i++){
        U[i]=0;
    }
    for (i = 0; i <=LK; i++) {
        SK[i]=0;
    }
    //计算单元刚度矩阵并组装到总体刚度矩阵
    for (i = 1; i <= NE; i++) {
        int m, l1, l2;
        for (int j = 1; j <= 8; j++) {
            m = JE[j][i];
            l1 = j + j;
            l2 = l1 - 1;
            JLL[l2] = m + m - 1;
            JLL[l1] = m + m;
        }
        FEKP(i);
        SKKE();
    }
    RIGHT();
    //处理约束条件
    for (i = 1; i <= KU; i++) {
        FIXD(2 * JU[i] - 1, US[i]);
    }
    if (KV ! = 0) {
```

```
        for (int j = 1; j <= KV; j++) {
            FIXD(2 * JV[j], VS[j]);
        }
    }
    //求解有限元方程
    SOLVE();
    //计算高斯点应力应变
    STRESS();
    //输出原始数据及计算结果
    OUTPUT();
}
// XYCA
void XYCA(int i, int j,int n) {
    double R, S, F, D;
    int L;
    XC = 0;
    XA = 0;
    YC = 0;
    YA = 0;
    YN = 0;
    for (int k = 1; k <= 8; k++) {
        QQ = FC[i][j][k];
        R = FA[i][j][k];
        S = FS[i][j][k];
        L = JE[k][n];
        F = XO[L];
        D = YO[L];
        YN += S * D;
        XC += QQ * F;//* * * * * * * * *J(1,1)* * * * * * * * *//
        XA += R * F;//* * * * * * * * *J(2,1)* * * * * * * * *//
        YC += QQ * D;//* * * * * * * * *J(1,2)* * * * * * * * *//
        YA += R * D;//* * * * * * * * *J(2,2)* * * * * * * * *//
    }
}
//计算总体刚度矩阵一维存贮信息
void SKDD() {
    int L, M;
    for (int i = 1; i <= NN; i++) {
        JD[2 * i] = NN;
    }
    for (i = 1; i <= NE; i++) {
        for (int j = 1; j <= 8; j++) {
            JEW[j] = JE[j][i];
```

```
        }
        L = JEW[8];
        for (j = 1; j <= 7; j++) {
            if (JEW[j] < L)
                L = JEW[j];
        }
        for (j = 1; j <= 8; j++) {
            M = JEW[j];
            if (L < JD[2 * M])
                JD[2 * M] = L;
        }
    }
    JD[0]=0;
    JD[1] = 1;
    JD[2] = 3;
    for (i = 2; i <= NN; i++) {
        M = (i - JD[2 * i]) * 2;
        JD[2 * i - 1] = JD[2 * i - 2] + M + 1;
        JD[2 * i] = JD[2 * i - 1] + M + 2;
    }
    LK = JD[NF];
}
// NCNA
void NCNA() {
    double XX[6];
    double A, C;
    XX[0] = 0;
    XX[3] = 0;
    XX[4] = 1;
    XX[5]=-1;
    if(H[0]==2){
        XX[1]=1/sqrt(3);
        XX[2]=-XX[1];
    }
    if(H[0]==3){
        XX[3] = sqrt(0.6);
        XX[1]=-XX[3];
        XX[2] = 0;
    }
    for (int i = 1; i<=5; i++) {
        C = XX[i];
        for (int j = 1; j<=5; j++) {
            A = XX[j];
```

```
                    FS[i][j][1] = (1 + C) * (1 + A) * (C + A − 1) / 4;
                    FS[i][j][2] = (1 + A) * (1 − C * C) / 2;
                    FS[i][j][3] = (1 − C) * (1 + A) * (A − C − 1) / 4;
                    FS[i][j][4] = (1 − C) * (1 − A * A) / 2;
                    FS[i][j][5] = (1 − C) * (1 − A) * (−C − A − 1) / 4;
                    FS[i][j][6] = (1 − A) * (1 − C * C) / 2;
                    FS[i][j][7] = (1 + C) * (1 − A) * (C − A − 1) / 4;
                    FS[i][j][8] = (1 + C) * (1 − A * A) / 2;
                    FS[i][j][0] = 0;
                    FC[i][j][1] = (1 + A) * (C + C + A) / 4;
                    FC[i][j][2] = (1 + A) * (−C);
                    FC[i][j][3] = (1 + A) * (C + C − A) / 4;
                    FC[i][j][4] = (A * A − 1) / 2;
                    FC[i][j][5] = (1 − A) * (C + C + A) / 4;
                    FC[i][j][6] = (A − 1) * C;
                    FC[i][j][7] = (1 − A) * (C + C − A) / 4;
                    FC[i][j][8] = (1 − A * A) / 2;
                    FC[i][j][0] = 0;
                    FA[i][j][1] = (1 + C) * (C + A + A) / 4;
                    FA[i][j][2] = (1 − C * C) / 2;
                    FA[i][j][3] = (1 − C) * (A + A − C) / 4;
                    FA[i][j][4] = A * (C − 1);
                    FA[i][j][5] = (1 − C) * (C + A + A) / 4;
                    FA[i][j][6] = (C * C − 1) / 2;
                    FA[i][j][7] = (1 + C) * (A + A − C) / 4;
                    FA[i][j][8] = −A * (1 + C);
                    FA[i][j][0] = 0;
                }
        }
}
//高斯点处应力应变计算
void STRESS(){
    double DTJ, F, Q, W, Z, R, FIX, FIY;
    int M, L,l1,l2,aa,bb,cc,dd,en;
    for(bb=1;bb<=100;bb++){
            STRE[bb]=0;
            STRN[bb]=0;
    }
    for(en=1;en<=NE;en++){
        for (int j = 1; j <= 8; j++) {
            dd = JE[j][en];
            l1 = j + j;
            l2 = l1 − 1;
```

```
                JLL[12] = dd + dd - 1;
                JLL[11] = dd + dd;
            }
            for (int nd=1;nd<=16;nd++){
                aa=JLL[nd];
                UE[nd]=U[aa];
            }

            for (aa=1;aa<=4;aa++){
                STRS[aa]=0;
                STRA[aa]=0;
            }
    for (int i = 1; i <= H[0]; i++) {
        for (int j = 1; j <= H[0]; j++) {
        for (aa=1;aa<=4;aa++){
            STS[aa]=0;
            STA[aa]=0;
        }
            XYCA(i,j,en);
            DTJ = XC * YA - XA * YC;
            F = VY;
            Q=DTJ * H[i] * H[j];
            if(D[0]==2){
                F *=YN;
                Q *=YN;
            }
            for (int k = 1; k <= 8; k++) {
                M = k + k;
                L = M - 1;
                W = FC[i][j][k];
                Z = FA[i][j][k];
                FIX = (YA * W - YC * Z) / DTJ;
                FIY = (XC * Z - XA * W) / DTJ;
                B[1][L] = FIX;
                B[2][L] = 0;
                B[1][M] = 0;
                B[2][M] = FIY;
                C[1][L] = D[1] * FIX;
                C[2][L] = D[2] * FIX;
                if(D[0]==0){
                    R = FS[i][j][k];
                    B[3][L] = FIY;
                    B[4][L] = 0;
```

```
        B[3][M] = FIX;
        B[4][M] = 0;
        C[1][M] = D[2] * FIY;
        C[2][M] = D[1] * FIY ;
        C[3][L] = D[3] * FIY;
        C[4][L] = 0;
        C[3][M] = D[3] * FIX;
        C[4][M] = 0;
        FF[M] += F * Q * R;
    }
    if(D[0]==1){
        R = FS[i][j][k];
        B[3][L] = FIY;
        B[4][L] = 0;
        B[3][M] = FIX;
        B[4][M] = 0;
        C[1][M] = D[2] * FIY;
        C[2][M] = D[1] * FIY ;
        C[3][L] = D[3] * FIY;
        C[4][L] = 0;
        C[3][M] = D[3] * FIX;
        C[4][M] = 0;
        FF[M] += F * Q * R;
    }
    if(D[0]==2){
        R = FS[i][j][k] / YN;
        B[3][L] = 0;
        B[4][L] = FIY;
        B[3][M] = R;
        B[4][M] = FIX;
        C[1][M] = D[2] * (FIY + R);
        C[2][M] = D[1] * FIY + D[2] * R;
        C[3][L] = C[2][L];
        C[4][L] = D[3] * FIY;
        C[3][M] = D[1] * R + D[2] * FIY;
        C[4][M] = D[3] * FIX;
        FF[M] += F * Q * R * YN;
    }
}
for (bb=1;bb<=16;bb++){
    STA[1]=STA[1]+B[1][bb]*UE[bb];
    STA[2]=STA[2]+B[2][bb]*UE[bb];
    STA[3]=STA[3]+B[3][bb]*UE[bb];
```

```
            STA[4]=STA[4]+B[4][bb]*UE[bb];
            STS[1]=STS[1]+C[1][bb]*UE[bb];
            STS[2]=STS[2]+C[2][bb]*UE[bb];
            STS[3]=STS[3]+C[3][bb]*UE[bb];
            STS[4]=STS[4]+C[4][bb]*UE[bb];
        }
        STRA[1]=STRA[1]+STA[1];
        STRA[2]=STRA[2]+STA[2];
        STRA[3]=STRA[3]+STA[3];
        STRA[4]=STRA[4]+STA[4];
        STRS[1]=STRS[1]+STS[1];
        STRS[2]=STRS[2]+STS[2];
        STRS[3]=STRS[3]+STS[3];
        STRS[4]=STRS[4]+STS[4];
    }
}

        cc=4*(en-1)+1;
        STRN[cc]=STRA[1]/nip;
        STRN[cc+1]=STRA[2]/nip;
        STRN[cc+2]=STRA[3]/nip;
        STRN[cc+3]=STRA[4]/nip;
        STRE[cc]=STRS[1]/nip;
        STRE[cc+1]=STRS[2]/nip;
        STRE[cc+2]=STRS[3]/nip;
        STRE[cc+3]=STRS[4]/nip;
    }
}
//计算单元刚度矩阵
void FEKP(int n) {
    double DTJ, F, Q, W, Z, R, FIX, FIY;
    int M, L, kk;
    for (int i = 0; i <=136; i++) {
        EK[i] = 0;
    }
    for (i = 0; i <=NF; i++) {
        FF[i] = 0;
    }
    for (i = 1; i <= H[0]; i++) {
        for (int j = 1; j <= H[0]; j++) {
            XYCA(i,j,n);
            DTJ = XC * YA - XA * YC;
            F = VY;
            Q = DTJ * H[i] * H[j];
```

```
if(D[0]==2){
    F * = YN;
    Q * = YN;
}
for (int k = 1; k <= 8; k++) {
    M = k + k;
    L = M - 1;
    W = FC[i][j][k];
    Z = FA[i][j][k];
    FIX = (YA * W - YC * Z) / DTJ;
    FIY = (XC * Z - XA * W) / DTJ;
    B[1][L] = FIX;
    B[2][L] = 0;
    B[1][M] = 0;
    B[2][M] = FIY;
    C[1][L] = D[1] * FIX;
    C[2][L] = D[2] * FIX;
    if(D[0]==0){
        R = FS[i][j][k];
        B[3][L] = FIY;
        B[4][L] = 0;
        B[3][M] = FIX;
        B[4][M] = 0;
        C[1][M] = D[2] * FIY;
        C[2][M] = D[1] * FIY ;
        C[3][L] = D[3] * FIY;
        C[4][L] = 0;
        C[3][M] = D[3] * FIX;
        C[4][M] = 0;
        FF[M] += F * Q * R;
    }
    if(D[0]==1){
        R = FS[i][j][k];
        B[3][L] = FIY;
        B[4][L] = 0;
        B[3][M] = FIX;
        B[4][M] = 0;
        C[1][M] = D[2] * FIY;
        C[2][M] = D[1] * FIY ;
        C[3][L] = D[3] * FIY;
        C[4][L] = 0;
        C[3][M] = D[3] * FIX;
        C[4][M] = 0;
```

```
                FF[M] += F * Q * R;
            }
            if(D[0]==2){
                R = FS[i][j][k] / YN;
                B[3][L] = 0;
                B[4][L] = FIY;
                B[3][M] = R;
                B[4][M] = FIX;
                C[1][M] = D[2] * (FIY + R);
                C[2][M] = D[1] * FIY + D[2] * R;
                C[3][L] = C[2][L];
                C[4][L] = D[3] * FIY;
                C[3][M] = D[1] * R + D[2] * FIY;
                C[4][M] = D[3] * FIX;
                FF[M] += F * Q * R * YN;
            }
        }
        for (k = 1; k <= 16; k++) {
            kk = k * (k - 1) / 2;
            for (int ii = 1; ii <= k; ii++) {
                Z = 0;
                for (int jj = 1; jj <= 4; jj++) {
                    Z += B[jj][k] * C[jj][ii];
                }
                EK[kk+ii] += Z * Q;
            }
        }
    }
}
for (i = 1; i <= 16; i++) {
    M = JLL[i];
    U[M] += FF[i];
}
}
//将单元刚度矩阵带入总体刚度矩阵
void SKKE() {
    int IW, JQ, KR, L;
    for (int i = 1; i <= 16; i++) {
        IW = JLL[i];
        L = i * (i - 1) / 2;
        for (int j = 1; j <= i; j++) {
            JQ = JLL[j];
            if (JQ < IW)
```

```
                    KR = JD[IW] − IW + JQ;
             else
                    KR = JD[JQ] + IW − JQ;
             SK[KR] += EK[L + j];
          }
       }
   }
//计算表面载荷向量
void QRIT(int M,int jj, int N, int N1, int N2, int M1, int M2, int IJ) {
    double XN = 0, R, S, QX, QY;
    int II, L;
    int J1 = JE[N1][M];
    int J2 = JE[N2][M];
    for (int i = 1; i <= 8; i++) {
        II = JE[i][M];
        XN += XO[II] * FS[M1][M2][i];
    }
    XYCA(M1, M2,M);
    if (IJ<=0)
        R = sqrt(XC * XC + YC * YC);
    else
        R = sqrt(XA * XA + YA * YA);
    R *= H[jj];
    if(D[0]==2)
        R *=YN;
    S = sqrt((XN − XO[J2]) * (XN − XO[J2])+(YN − YO[J2]) * (YN − YO[J2]));
    S /= sqrt((XO[J1] − XO[J2]) * (XO[J1] − XO[J2])+(YO[J1] − YO[J2]) * (YO[J1]
− YO[J2]));
        QX = PQ[2][N] + (PQ[1][N] − PQ[2][N]) * S;
        QY = PQ[4][N] + (PQ[3][N] − PQ[4][N]) * S;
        for (i = 1; i <= 8; i++) {
           L = 2 * JE[i][M];
           S = FS[M1][M2][i];
           U[L − 1] += R * S * QX;
           U[L] += R * S * QY;
        }
    }
//调用 QRIT 计算表面载荷向量,并将集中载荷向量送载荷列阵
void RIGHT() {
    int L,M, N1;
    for (int i = 1; i <= KQ; i++) {
        M = KPQ[1][i];
        L = KPQ[2][i];
```

```
        for (int j = 1; j <= H[0]; j++) {
            switch (L) {
            case 1:
                QRIT(M,j, i, 1, 3, j, 4, 0);
                break;
            case 2:
                QRIT(M,j, i, 3, 5, 5, j, 1);
                break;
            case 3:
                QRIT(M,j, i, 5, 7, j, 5, 0);
                break;
            case 4:
                QRIT(M,j, i, 7, 1, 4, j, 1);
                break;
            }
        }
    }
    for (i = 1; i <= KRX; i++) {
        N1 = JRX[i];
        L = N1 + N1 - 1;
        U[L] += RX[i];
    }
    for (i = 1; i <= KRY; i++) {
        N1 = JRY[i];
        L = N1 + N1;
        U[L] += RY[i];
    }
}
//处理位移约束
void FIXD(int n, double u) {
    int L, M, IA, IB;
    L = JD[n];
    if (n != 1) {
        M = JD[n - 1];
        IA = n + M - L + 1;
        IB = n - 1;
        for (int i = IA; i <= IB; i++) {
            U[i] -= u * SK[L - n + i];
        }
        IA = M + 1;
        IB = L - 1;
        for (i = IA; i <= IB; i++) {
            SK[i] = 0;
```

```
        }
    }
    IA = n + 1;
    for (int i = IA; i <= NF; i++) {
        if (JD[i] - JD[i - 1] >= i - n + 1) {
            M = JD[i] - i + n;
            U[i] -= u * SK[M];
            SK[M] = 0;
        }
    }
    U[n] = u * SK[L];
}
//solve():三角分解法求解方程
void SOLVE() {
    int IG, MI, IP, JG, MJ, IJ, JI, JK, JJ, I, J, K;
    for (I = 1; I<=NF; I++) {
        IG = JD[I] - I;
        if (I == 1)
            MI = 1;
        else
            MI = JD[I - 1] - IG + 1;
        for (J = MI; J <= I; J++) {
            IP = IG + J;
            JG = JD[J] - J;
            if (J == 1)
                MJ = 1;
            else
                MJ = JD[J - 1] - JG + 1;
            IJ = MI;
            if (MJ > MI)
                IJ = MJ;
            JI = J - 1;
            for (K = IJ; K <= JI; K++) {
                JK = JD[K];
                SK[IP] = SK[IP] - SK[IG + K] * SK[JK] * SK[JG + K];
            }
            if (I != J) {
                JJ = JD[J];
                U[I] -= SK[IP] * U[J];
                SK[IP] = SK[IP] / SK[JJ];
            }
        }
        JI = JD[I];
```

```cpp
            U[I] = U[I] / SK[JI];
        }
        for (I = 1; I <= NF; I++) {
            J = NF - I+1;
            IG = JD[J] - J;
            if (J == 1)
                MI = 1;
            else
                MI = JD[J - 1] - IG + 1;
            JI = J - 1;
            for (K = MI; K <= JI; K++) {
                U[K] = U[K] - SK[IG + K] * U[J];
            }
        }
    }
//屏幕显示总体刚度矩阵
 void SKDisplay() {
    int num = 1, L = 0, M = 0, i = 0;
    cout << "总刚度矩阵 K:" << endl;
    cout << SK[1] << endl;
    for (i = 2; i <= NF; i++) {
        L = JD[i] - JD[i - 1];
        M = i - L + 1;
        for (int j = 1; j <= i; j++) {
            if (j < M)
                cout << "0" << " ";
            else {
                num++;
                cout << SK[num] << "   ";
            }
        }
        cout << endl;
    }
}
    //屏幕显示单元刚度矩阵
    void EKDisplay(int I) {
    int K1=1;
    cout << "第" << I << "个单元刚度矩阵:" << endl;
    for (I = 1; I <= 6; I++) {
        K1 = I * (I - 1) / 2;
        for (int II = 1; II <= I; II++)
            cout << EK[K1 + II] << "   ";
        cout << endl;
```

```cpp
        }
    }
//屏幕显示结点位移
void UDisplay(){
    cout<<"结点位移值:"<<endl;
    for(int i=1;i<=NN;i++){
        cout<<"\t"<<i<<"\t"<<setprecision(4)<<U[2*i-1]<<"\t"<<U[2*i]<<endl;
    }
}
    //屏幕显示结点坐标
void PDisplay(){
    for(int i=1;i<=NN;i++){
        cout<<XO[i]<<"\t"<<YO[i]<<endl;
    }
}
//输出原始数据及计算结果至 output.csv
void OUTPUT(){
    ofstream output("Output.csv");
output<<" * "<<","<<" * "<<","<<" * "<<","<<" * "<<","<<" * "<<","<<" * "<<","<<" * "<<","<<" * "<<","<<" * "<<","<<" * "<<"\n";
    if (D[0]==0){
        output<<"问题类型"<<","<<"平面应力问题"<<"\n";
    }
    else
        if(D[0]==1){
        output<<"问题类型"<<","<<"平面应变问题"<<"\n";
    }
    else
    if(D[0]==2){
        output<<"问题类型"<<","<<"轴对称问题"<<"\n";
    }
    output<<"弹性模量 EO/Pa"<<","<<EO<<"\n";
    output<<"泊松比 PO"<<","<<PO<<"\n";
    output<<"密度 kg/m^3"<<","<<RU<<"\n";
    output<<"旋转速度(r/min)"<<","<<RPM<<"\n";
    output<<"Gauss 积分点"<<","<<nip<<"\n";
    output<<"\n";
output<<"="<<","<<"="<<","<<"="<<","<<"="<<","<<"="<<","<<"="<<","<<"="<<","<<"="<<","<<"="<<","<<"="<<"\n";
    output<<"\n";
    output<<"结点编号"<<","<<"结点 X 坐标"<<","<<"结点 Y 坐标"<<"\n";
    for (int i=1;i<=NN;i++){
```

```
        output<<i<<","<<XO[i]<<","<<YO[i]<<"\n";
        }
        output<<"\n";
        output<<"单元编号"<<","<<"包含结点"<<","<<"\n";
        for(i=1;i<=NE;i++){
    output<<i<<","<<JE[1][i]<<","<<JE[2][i]<<","<<JE[3][i]<<","<<JE[4][i]
<<","<<JE[5][i]<<","<<JE[6][i]<<","<<JE[7][i]<<","<<JE[8][i]<<"\n";
        }
        output<<"\n";
    output<<"="<<","<<"="<<","<<"="<<","<<"="<<","<<"="<<","<<"="
<<","<<"="<<","<<"="<<","<<"="<<","<<"="<<"\n";
        output<<"\n";
        output<<"X方向约束:";
        for(i=1;i<=KU;i++){
            output<<","<<JU[i];
        }
        output<<"\n";
        output<<"Y方向约束:";
        for(i=1;i<=KV;i++){
            output<<","<<JV[i];
        }
        output<<"\n";
        if(KRX>0){
            output<<"X方向载荷作用结点"<<","<<"载荷大小"<<","<<"\n";
            for(i=1;i<=KRX;i++){
                output<<JRX[i]<<","<<RX[i]<<"\n";
            }
        }
        if(KRY>0){
            output<<"Y方向载荷作用结点"<<","<<"载荷大小"<<","<<"\n";
            for(i=1;i<=KRY;i++){
                output<<JRY[i]<<","<<RY[i]<<"\n";
            }
        }
        if(KQ>0){
            output<<"面载荷数量"<<","<<KQ<<"\n";
            output<<"面载荷单元号"<<","<<"面载荷边号"<<"\n";
            for(i=1;i<=KQ;i++){
                output<<KPQ[1][i]<<","<<KPQ[2][i]<<"\n";
            }
            output<<"\n";
            output<<"Qx"<<","<<"Qx"<<","<<"Qy"<<","<<"Qy"<<"\n";
            for(i=1;i<=KQ;i++){
```

```
                    output<<PQ[1][i]<<","<<PQ[2][i]<<","<<PQ[3][i]<<","<<PQ[4]
[i]<<"\n";
                }
            }
        output<<"\n";
    output<<" * "<<","<<" * "<<","<<" * "<<","<<" * "<<","<<" * "<<","<<" * "
<<","<<" * "<<","<<" * "<<","<<" * "<<","<<" * "<<"\n";
        output<<"\n";
        output<<"结点编号"<<","<<"结点 U 位移/m"<<","<<"结点 V 位移/m"<<"\n";
        for (i=1;i<=NN;i++){
        output<<i<<","<<U[2*i-1]<<","<<U[2*i]<<"\n";
        }
        output<<"\n";
    output<<"="<<","<<"="<<","<<"="<<","<<"="<<","<<"="<<","<<"="
<<","<<"="<<","<<"="<<","<<"="<<","<<"="<<"\n";
        output<<"\n";
        if ((D[0]==0)||(D[0]==1)){
        output<<"单元编号"<<","<<"应力 1"<<","<<"应力 2"<<","<<"应力 3"
<<","<<"应变 1"<<","<<"应变 2"<<","<<"应变 3"<<"\n";
        for(int en=1;en<=NE;en++){
            int cc=4*(en-1)+1;
    output<<en<<","<<STRE[cc]<<","<<STRE[cc+1]<<","<<STRE[cc+2]<<","<<
STRN[cc]<<","<<STRN[cc+1]<<","<<STRN[cc+2]<<"\n";
        }
        }
        else
            if(D[0]==2){
        output<<"单元编号"<<","<<"应力 1"<<","<<"应力 2"<<","<<"应力 3"
<<","<<"应力 4"<<","<<"应变 1"<<","<<"应变 2"<<","<<"应变 3"<<","<<"应变 4"
<<"\n";
                for(int en=1;en<=NE;en++){
                int cc=4*(en-1)+1;
                output<<en<<","<<STRE[cc]<<","<<STRE[cc+1]<<","<<STRE[cc+2]
<<","<<STRE[cc+3]<<","<<STRN[cc]<<","<<STRN[cc+1]<<","<<STRN[cc+2]<
<","<<STRN[cc+3]<<"\n";
                }
            }
        output<<"\n";
    output<<" * "<<","<<" * "<<","<<" * "<<","<<" * "<<","<<" * "<<","<<" * "
<<","<<" * "<<","<<" * "<<","<<" * "<<","<<" * "<<"\n";
        output<<"\n";
    }
};
```